Claudia Platz
Der Lubberer

RMV

RHEIN-MOSEL-VERLAG
Alf/Mosel
Bad Bertricher Str. 12 D-56859 Alf
Tel. 06542/5151 Fax 06542/61158

ISBN 3-89801-108-9
Satz: Cornelia Czerny
Umschlag: Alfred Nolden/Sabine Weiss
Druck: Siebengebirgs-Druck, Bad Honnef

Claudia Platz

Der Lubberer

Mainz sucht einen Mörder

RHEIN-MOSEL-VERLAG

Prolog

Nach Verlassen des Kinos in der Bahnhofstraße fiel sein Blick auf das Plakat im Schaukasten. Er blieb stehen, starrte das Bild an, als dächte er über das soeben Gesehene nach. Die Erregung war noch nicht abgeklungen. Sein Gesicht spiegelte sich zwischen den nackten Brüsten der Frau wider, ein Schauer überlief ihn. Er wusste nicht, ob die nächtliche Kühle oder sein Verlangen dafür verantwortlich waren.

Unschlüssig blickte er die Straße auf und ab. Am nördlichen Ende lag der Bahnhof. Er könnte dort in den Bus steigen und nach Hause fahren, aber er wollte nicht so schnell in die Enge der mütterlichen Wohnung zurückkehren.

Auf der gegenüberliegenden Seite lockte die rote Leuchtreklame einer Bar. Doch heute würde er dieses Etablissement nicht betreten, dafür war sein Verlangen zu stark. Wenn er Richtung Süden ging, käme er zu seiner Stammkneipe und könnte seine Gier in Alkohol ertränken, doch es dürstete ihn nicht nach Bier. Heute Abend hungerte er nach mehr.

Die plakative Erotik, der aufgesetzt wirkende Sex des Filmes hatten ihm nicht wie schon so oft Befriedigung verschafft. Was blieb war ein schaler Geschmack im Mund, eine nicht gestillte Sehnsucht.

Dabei wollte er es nicht belassen. Er hatte seine Entscheidung gefällt und lenkte seine Schritte zielstrebig in Richtung Bahnhof. Dort bestieg er einen Bus, ließ sich mit einem Seufzer auf einem der grünen Plastiksitze am Fenster nieder und schaute hinaus in die winterfahlen Gesichter der Menschen. Die wenigen Fahrgäste hingen ihren eigenen Gedanken nach, keiner würdigte ihn eines Blickes. Jeder hielt sicheren Abstand zum anderen, jeder wollte ungestört sein.

Mit einem Ruck fuhr der Bus los und drückte die Insassen in die Sitze. Er folgte dem Verlauf der Busschleife, fuhr den kleinen Berg hinauf, schwenkte nach rechts überquerte die Alicebrücke und quälte sich schließlich den Linsenberg hoch. Er passierte die Uniklinik, das Vincenzkrankenhaus und fuhr über die Goldgrube in die Göttelmannstraße.

Mit jeder Haltestelle näherte sich der Mann seinem Ziel. Der Bus leerte sich zusehends, nun war er der einzige Fahrgast.
Seine Erregung wuchs. Er spürte das Kribbeln, das über seinen Körper lief, das sanfte Aufrichten der Nackenhaare, die wohlige Wärme, die seinen Körper durchflutete und sich in seinem Glied konzentrierte. Unruhig rutschte er hin und her. Verstohlen wischte er sich die schweißnassen Hände an seinen Oberschenkeln ab.
Je weiter sie in die Außenbezirke vorstießen, um so weniger Lampen erhellten die Finsternis der Nacht. Hohe Bäumen säumten die großzügige Straße hinter deren frisch aufkeimendem Grün die vornehmen Villen sich sicher fühlten. Aus vereinzelten Fenstern fielen breite Streifen Lichts. Die meisten verhüllten sich aber in schläfriger Schwärze, nicht ahnend, dass sie beobachtet wurden.
Er drückte den Halteknopf und der Bus kam zum Stehen. Der Mann sprang nervös auf und stieg leichtfüßig aus, das Ziel seiner Begierde dicht vor Augen. Die wohlige Erregung hatte sich zu verlangender Lust gesteigert. Er beschleunigte seine Schritte und tauchte in die Dunkelheit einer Seitenstraße ein. Nur noch wenige Meter und er war da. Heute würde er sich ihr offenbaren, heute würden sie eins!
Er drehte sich um und schaute verstohlen über seine Schulter. Niemand war in seiner Nähe, er war allein. Behände sprang er über den Zaun des Grundstücks und landete lautlos auf dem feuchten Rasen …

Montag, 7. April 1975, 13.30 Uhr

Der junge Mann rannte mit großen Schritten die Auffahrt hinauf. Seine Plateauschuhe und die enge Schlaghose hinderten ihn nicht daran, zwei Stufen auf einmal zu nehmen, während er unbekümmert »Born to be wild« pfiff. Langsam strich er sich mit einer lässigen Handbewegung die langen Haare aus der Stirn und zog sein enges, grellgestreiftes T-Shirt über den Nabel, bevor er selbstsicher klingelte. Er strahlte eine erwartungsvolle Gelassenheit aus, wie junge Menschen es in diesem Alter oft tun.

Eine ältere Dame mit sanft rosefarbenem Haar führte einen perfekt frisierten Pudel spazieren. Sie schritt vornehm die großzügige Straße entlang und warf ihm einen Blick hinterher, der nicht nur Unverständnis, sondern auch einen Anflug von Neid ob dieser jugendlichen Frische ausdrückte. Sie schüttelte den Kopf über seine Erscheinung und als sie das Auto passierte, blieb sie düpiert stehen. Es war ein giftgrüner VW-Bus, dessen Front eine halb geschälte Banane in erigierter Pose schmückte. Die Botschaft dieses »Kunstwerkes« war unmissverständlich, selbst für ihre Generation. Mit einem Seufzer ging sie weiter. Längst schon hatte sie es aufgegeben diese revoltierende Jugend zu verstehen, wo es zwischen Männern und Frauen keinen Unterschied mehr zu geben schien. Zum wiederholten Mal stellte sie die Frage, die sich jede ältere Generation stellt: »Was soll nur aus den Kindern werden?«

Der junge Mann klingelte indessen erneut. Natürlich hatte er den Blick der Frau registriert, doch was andere über ihn dachten, war ihm absolut gleichgültig. Er wollte sein Leben genießen, frei von gesellschaftlichen Zwängen. Genuss war für ihn gleichbedeutend mit Spaß haben. Und Spaß fand er an allem, was seine Eltern missbilligten: abhängen, laut Musik hören, mit Mädchen schlafen und ab und zu auf einen Trip gehen, der ihn in die Welt der Farben und der intensiven Gefühle entführte.

Von letzterem hatten seine Eltern keine Ahnung, sonst hätten sie ihm sicher ihre großzügige finanzielle Unterstützung entzogen. Dann wäre Schluss mit lustig.
Allmählich wurde er ungeduldig und ließ den Klingelknopf nicht mehr los. Laut rief er den Namen seiner Freundin und hämmerte gegen die Tür. Sie *musste* einfach da sein. Sie waren heute morgen vor der Schule verabredet gewesen, doch Carola war nicht erschienen. Schließlich zog er den Schlüssel aus seiner Tasche und schloss vorsichtig die Tür auf. Carola hatte ihm diesen Schlüssel für absolute Notfälle nachmachen lassen und ihre Eltern wussten nichts davon. Diese »Notfälle« waren bisher aber immer amouröser Natur.
Er drückte vorsichtig die Tür auf. Erstaunt bemerkte er, dass Licht brannte. Von außen war dies nicht zu sehen. Die Front des relativ neu gebauten Bungalow erinnerte eher an eine trutzige Burg als an ein modernes Wohnhaus. Die Diele wurde über ein Oberlicht mit Helligkeit versorgt, Glasbausteine trennten sie vom Wohnzimmer, dessen hintere Seite komplett mit Schiebetüren verglast war. Schwere Möbel standen im Kontrast zu modernen Kunstwerken, auf denen Menschen wie zerstückelte Wesen abgebildet waren. Weißer Marmor verlieh dem Ganzen eine vornehme Kühle. Auf dem Kaminsims tickte leise eine goldene Uhr im Louis-quinze-Stil.
Intuitiv löschte er das Licht und rief laut nach Carola. Er wusste, dass sich der Vater in diplomatischer Mission im Ausland befand und erst in zwei Wochen zurück erwartet wurde. Plötzlich beschlich ihn ein unheimliches Gefühl. Er spürte, dass etwas nicht in Ordnung war. Irritiert bemerkte er, wie seine Hände zu schwitzen anfingen. Wie um sich selbst Mut zu machen, rief er nochmals ihren Namen.
In diesem Moment hörte er Musik aus dem Untergeschoss. Dort war ihr Zimmer und erleichtert atmete er auf. Wahrscheinlich hatte sie sein Klingeln nicht gehört, weil die Musik die Glocke übertönte. Schwungvoll, mit einer gewissen Erregung, die

sich nach einem Adrenalinstoß einstellt, sauste er die Treppe herunter und riss mit lautem Gejohle die Zimmertür auf.
»Meine Schöne, hier ist dein stets bereiter Prinz.«
Was er erblickte, übertraf bei weitem seine exzessivsten Drogenerlebnisse. Er wähnte sich in der Hölle. In dem Zimmer schien es unerträglich heiß. Seine Augen blickten auf grauenvolle Verwüstung, seine Nase roch den Tod, seine Zunge schmeckte Blut. Sein Körper schwitzte und zitterte vor Schreck; ihm war heiß und kalt zugleich. Er bekam eine Gänsehaut.
Carola lag nackt auf ihrem Bett, die Beine unnatürlich gespreizt, die Arme schützend vor ihrer Brust verschränkt. Die toten Augen starrten ihn an. Im blutverschmierten Gesicht klafften große Wunden und es war dem Eintretenden zugewandt, gerade so als wolle es ihn am Tor zur Hölle begrüßen. Ihr zarter Körper war von blauen Flecken entstellt, ihr Gesicht zu einer leidenden Grimasse verzogen. Die Wand hinter ihr schien Blut zu weinen.
Der Junge merkte wie Übelkeit in ihm hochstieg, entsetzt blickte er auf das Horrorszenarium und versuchte durch den Mund zu atmen. Doch der metallische Geschmack abgestanden Blutes, die unglaubliche Hitze, die den Geruch ins Ekelerregende steigerte, gaben ihm keine Chance. Niemals in seinem Leben würde er diesen Anblick vergessen können. Er brannte sich unauslöschlich in sein Gedächtnis wie ein Brandzeichen in das Fell eines Tieres. Mit einem leisen Seufzer sank er in eine schwarze Ohnmacht.

Die Ohnmacht währte nicht lange, nach wenigen Minuten kehrte er ins gnadenlose Bewusstsein zurück. Zunächst glaubte er an einen Traum, doch der Geruch, der aus dem Zimmer kam, brachte ihn in Windeseile auf seine Beine. Er rannte ins Badezimmer und erbrach sich in die Kloschüssel. Unter fließend-kalten Wasser kühlte er seine Unterarme und versuchte durch eine regelmäßige Atmung seinen Kreislauf zu

stabilisieren. Wie zum Hohn ertönte aus dem Radio Carolas Lieblingslied »I can't get no satisfaction« von den Stones.
Er presste seine pulsierende Stirn an den Spiegel und wurde sich bewusst, dass er die Polizei rufen musste. Die verhassten Bullen, die Hüter in Uniform, die synonym für die kleinbürgerliche Engstirnigkeit der elterlichen Generation standen. Sie würden ihn ausquetschen und ihn ihre Verachtung für seine Ausgeflipptheit spüren lassen.
Es war mehr Pflichtgefühl als Liebe, das ihn zwang in den oberen Stock zu gehen und zu telefonieren.
Er wählte die »110« und setzte sich zitternd auf den Stuhl neben dem Telefon. Sofort meldet sich eine nüchterne Stimme die ihn fragte, wie man helfen könne.
Er hörte sich reden, ohne dass er seine Stimme erkannte »Hier hat es einen Mord gegeben.«
»Sind Sie sicher?«
»Ja.«
»Nennen sie uns ihren Namen, die Adresse und verlassen Sie bitte nicht den Tatort. In wenigen Minuten werden Sie Hilfe erhalten.«
Er konzentrierte sich auf seine Worte, seine Ohnmacht und Hilflosigkeit unterdrückend.
»Legen Sie jetzt bitte auf, damit die Leitung frei wird«, hörte er die nüchterne Stimme sagen.
Mechanisch folgte er der Aufforderung und blieb wie versteinert sitzen.
Die Zeit verging, ohne dass er sie wahrnahm. Mit einem Schlag war die Unbekümmertheit der Jugend von ihm abgefallen. Er war noch nicht so weit vom Kindsein entfernt, als dass er sich nicht nach den schützenden Armen seiner Mutter sehnte, die ihn tröstend umfingen, um ihn vor den Unbilden der Welt zu bewahren. Seit langem hatte er keine solche Sehnsucht nach seinem Zuhause, nach elterlicher Geborgenheit verspürt. Jetzt wünschte er, er könnte die Uhr zurückdrehen. Wieder Kind

sein. Doch zugleich wusste er, dass er nie wieder in diesen Zustand zurückkehren würde.
Ein Hämmern an der schweren Eingangstür riss ihn aus seiner Starre.
»Aufmachen, Polizei«, rief eine tiefe Stimme.
Er überwand seine innere Abneigung, die er jeder Obrigkeit gegenüber empfand und versuchte gelassen auszusehen.
In der Auffahrt parkte ein grünes Polizeiauto, dessen Blaulichter in schmerzendem Kobalt blinkten. Daneben stand ein unscheinbarer weißer VW 1600, das typische Spießerauto der Mittelschicht.
Zu seiner Überraschung trug keiner der sieben Männer Uniform. In Zivilkleidung standen sie mit ernsten Mienen vor der Tür.
Der Größte von ihnen räusperte sich, zog seine Dienstmarke aus der Innentasche seines gestreiften Jacketts und fragte mit ruhiger Stimme: »Sind Sie Herr Kayser?«
Der junge Mann nickte nur, trat beiseite und gewährte der Delegation Einlass.
»Ich bin Hauptkommissar Schneider, Mordkommission«, stellte sich der Große vor.
Er deutete auf die Männer in Zivil. »Das sind die Kollegen vom Erkennungsdienst: Brückner, Pfitzer, Werner. Die anderen sind die Ermittlungsbeamten Zöller, Schmidt und Franckh.«
Die Männer hatten bei Erwähnung ihres Namens genickt. Hauptkommissar Schneider fragte sich, ob der Junge seine Worte überhaupt aufgenommen hatte.
»Wo befindet sich das Opfer?«, fragte er mit leiser Anteilnahme.
Die Sanftheit in der Stimme des Hünen ließ den jungen Mann aufhorchen. Seine geistige Abwesenheit schwand und er antwortete mit belegter Stimme.
»Die Treppe hinunter, geradeaus, dort wo die Musik herkommt.«

Der Hauptkommissar wandte sich dem jüngsten Beamten, Wachtmeister Franckh, zu, der erst seit kurzem bei der Mordkommission tätig war. Er wollte ihn nicht gleich mit einer Leiche konfrontieren und teilte ihm eine, wie er meinte unverfängliche Aufgabe zu. »Inspizieren Sie das obere Geschoss. Achten Sie besonders darauf, ob gewaltsam eingedrungen wurde.«

Der junge Beamte nickte und stieg vorsichtig, ohne etwas zu berühren, auf der Wendeltreppe nach oben.

Die Männer vom Erkennungsdienst zogen Handschuhe und Gummifüßlinge über und gingen vorsichtig die Treppe hinunter. Sie wollten auf keinen Fall Spuren verwischen. Einer trug einen schweren Metallkoffer, ein anderer hielt einen Fotoapparat schussbereit. Schneider hörte wie einer leise sagte: »Mein Gott, das ist ja das reinste Schlachtfeld.«

Er bat den verstörten Jungen sitzen zu bleiben und warf Zöller einen vielsagenden Blick zu. Dieser wusste, was er zu bedeuten hatte und nickte beinah unmerklich mit dem Kopf. Er sollte mit rücksichtsvoller Anteilnahme eine kurze Befragung des Zeugen durchführen.

»Kollege Zöller kümmert sich um sie. Schmidt riegeln Sie den Tatort ab. Ich will hier keine neugierigen Nachbarn oder etwa die Presse sehen.«

An den jungen Mann gewandt, sagte er: »Wir brauchen noch ihre Aussage. Sind Sie dazu in der Lage?«

Der Junge sank kraftlos auf den Stuhl und nickte nur. Die Autorität des Hauptkommissars wirkte tröstlich, obwohl er sie gleichzeitig verabscheute. Schneider ging in den Keller.

»Wo ist die Küche?«, fragte ihn Zöller. »Sie sehen so aus, als bräuchten sie etwas zu trinken.«

Tatsächlich verspürte er Durst und sehnte sich nach einem Glas Wasser, mit dem er den Geschmack des Todes hinunterspülen konnte. Er deutete mit einem Kopfnicken die Richtung an und der Beamte begab sich auf die Suche. Unten wurde die Musik

abgestellt, »Locomotive Breath« ging der Atem aus. Erleichtert atmeten alle Anwesenden auf.
Das scharfe Zischen der Blitzlichter verriet, dass die Spurensicherung in vollem Gang war. Keiner der Männer gab einen Kommentar von sich, sie arbeiteten gewissenhaft und stillschweigend. Jeder von ihnen hatte schon einige Tote gesehen, doch dieser Mord war so grausam, das Opfer so jung, dass die Männer nur mit Mühe ihre Emotionen zurückhalten konnten.
Zöller kam aus der Küche zurück, gab dem Jungen zu trinken. Aus dem oberen Stock ertönte laut und deutlich ein erschreckter Schrei. Franckh lehnte sich bleich über das Geländer der Treppe und rief zitternd nach seinem Vorgesetzten.
»Chef, können Sie bitte mal kommen.«
Hauptkommissar Schneider schnaubte unwirsch. »Könnt ihr jungen Kerle, denn nichts allein machen?«
»Es ist aber *wirklich* dringend.«
Das Flehen in der Stimme war nicht zu überhören. Schneider stürzte mit einer Behändigkeit, die man seinem großen Körper nicht zugetraut hätte, nach oben und folgte seinem Kollegen.
Die Unruhe hatte auch die Anderen angesteckt. Sie hielten mit ihrer Arbeit inne, scharrten mit den Füßen und bewegten sich nervös hin und her. Sie waren aus dem Zimmer getreten und standen am Fuß der Treppe. Angespannt blickten sie nach oben und lauschten in die Stille.
Schneider und Franckh betraten das Schlafzimmer. Im Bett lag eine Frau reglos auf der Seite. Ihr schlanker Körper war bis über die Schultern zugedeckt. Es sah aus als ob sie schliefe, nur das blutgetränkte Kopfkissen kündete von ihren Tod.
Schneider zog scharf die Luft ein und drehte sich zu seinem jungen Kollegen um.
»Haben Sie etwas berührt?«
Franckh nestelte an seinem Hemdkragen, als wolle er sich Luft verschaffen. Er schüttelte stumm den Kopf.

»Ist das ihr erstes Mordopfer?«
Der Polizist nickte.
»Pfitzer, Brückner, Werner hier oben gibt es noch ein Opfer. Wenn ihr unten fertig seid, kommt hoch und macht hier weiter.«
Zöller blickte irritiert den jungen Mann an. Doch Thomas Kayser konnte die Tragweite der Situation nicht begreifen. Sein betont kühles Gehabe hatte sich längst verloren und war zaudernder Orientierungslosigkeit gewichen.
»Was bedeutet das? Carola ist unten, sonst habe ich niemanden gesehen«, stammelte er verwirrt.
»Was taten Sie, nachdem sie das Haus betreten haben?«, fragte ihn Schneider.
»Ich hab erst mal laut gerufen, dann hab ich das Licht gelöscht und bin sofort nach unten gestürmt, als die Musik losdröhnte.«
»Sie waren also in keinem anderen Raum?«
»Nein, ich dachte Carola hätte mein Klingeln nicht gehört, weil die Musik so laut war. Und ihre Mutter hat mir auch nicht geantwortet. Ich nahm an, sie sei wie üblich in ihrer Praxis. Also bin ich direkt runtergegangen. Da sah ich sie und bekam Panik.«
Den kurzen Abstecher ins Badezimmer erwähnte er nicht.
Schneider kam langsam die Treppe hinunter und blieb vor dem Jungen stehen.
»Die Tote im Schlafzimmer ist sicherlich Carolas Mutter«, konstatierte der Hauptkommissar.
Der junge Mann starrte ihn ungläubig an. »Sie meinen, dass *beide* tot sind, Mutter und Tochter?«
»Es scheint so. Könnten Sie vielleicht die Mutter identifizieren?«, wollte Schneider wissen.
Um einer ablehnenden Antwort vorzubeugen, beruhigte er den Jungen. »Sie sieht aus als schliefe sie. Wenn Sie es aber nicht können, müssen wir warten, bis der Ehemann zu Hause ist.«

»Das kann dauern. Herr Klein ist im Ausland und wollte in zwei Wochen zurückkommen. Ich werde das schon schaffen«, antwortete er.
Der Anblick der toten Mutter war nicht annähernd so erschreckend wie der von Carola. Der junge Mann bestätigte die Vermutungen der Polizei.
»Ja, es ist Frau Klein.« Mehr konnte er nicht sagen. Seine Knie zitterten und Schweißperlen bildeten sich auf seiner Stirn.
Der Hauptkommissar entließ ihn. »Ich denke, das Beste ist es, wenn Sie ein Kollege nach Hause fährt. Ich werde Sie dann später befragen. Halten Sie sich bitte zu unserer Verfügung. Brauchen Sie einen Arzt?«
»Nein, meine Mutter ist Ärztin, sie kann mir helfen«, antwortete er mit leiser Stimme.
»Zöller, bringen Sie den Jungen nach Hause und reden Sie mit der Mutter. Wenn niemand da ist, treiben Sie jemanden auf. Ich möchte nicht, dass er allein ist. Der Schock kommt bestimmt bald.«

Montag, 7. April, 14.15 Uhr
Durch die unmittelbare Nähe des Anwesens zum Stadtpark wuchs die Menge der Gaffer stetig. Kommissar Schmidt hatte Verstärkung durch die Schutzpolizei angefordert, um der Lage Herr zu werden. Während sich die Beamten auf dem Grundstück verteilten und alles absperrten, traf der Pathologe des LKA, Dr. Mendel, ein. Wie immer hatte er einen leicht deprimierten Gesichtsausdruck, so als müsste er alle Last der Welt tragen. Wer ihn allerdings näher kannte, schätzte seinen sarkastischen Humor.
»Guten Tag die Herren«, sagte er leise. Heute war er nicht zu Scherzen aufgelegt. Längst hatte er erfahren, dass es sich hier um einen Doppelmord handelte. Und obwohl Leichen sein Leben prägten, erschütterte ihn eine Tat wie diese zutiefst.
Schneider war kurz zuvor ins Freie getreten und hatte zwei Schutzpolizisten mit der Suche nach der Tatwaffe beauftragt,

als ihm Mendel in die Arme lief. Er begrüßte ihn und während sie das Haus betraten, teilte er ihm kurz die ersten Ermittlungsergebnisse mit. Mit aufmerksamer Miene lauschte der Arzt.
»Nach meiner laienhaften Einschätzung sind die beiden mindestens zwölf Stunden tot. Es gibt bisher keine Anzeichen eines Einbruchs. Die Zimmer sind nicht durchwühlt, es scheint auch nichts gestohlen worden zu sein. Dazu müssen wir allerdings den Vater und Ehemann der Ermordeten befragen. Ein Kollege ist dabei ihn ausfindig zu machen. Sie wissen ja, was das bedeuten kann?«, seufzte Schneider schwer.
Mendel nickte. Diese bisherigen Fakten deuteten auf einen Täter im engsten Umfeld der Opfer. Eine Beziehungstat schien wahrscheinlich.
»Wen soll ich zuerst in Augenschein nehmen, die Mutter oder die Tochter?«, fragte er.
»Das überlasse ich Ihnen. Der Freund hat das Mädchen gefunden. Die Mutter hat ein Kollege entdeckt. Beide haben noch nie eine Leiche gesehen und sind dementsprechend erschüttert. Den Freund haben wir nach Hause gebracht, aber Kollege Franckh kämpft immer noch mit dem Gesehenen.«
»Soll ich ihm erstmal etwas zur Beruhigung geben?«, wollte Mendel wissen.
»Das wäre wahrscheinlich das Beste, aber vielleicht können Sie es ...«, der Hauptkommissar beendete den Satz nicht.
Mendel fiel ihm ins Wort: »... diskret tun? Sie unterschätzen meine Gefühle für die Lebenden. Auch wenn Tod und Krankheit mein täglich Brot sind, fühle ich mit meinen Mitmenschen. Wo ist der junge Mann?«
Franckh bemühte sich den äußeren Schein zu wahren. Er stand allein auf der Terrasse und tankte frische Luft. Mendel gab ihm eine Tablette und klopfte ihm aufmunternd auf die Schulter.
»Nehmen Sie es nicht so schwer. Es ist immer ein Schock, wenn man einen Toten sieht, vor allem wenn es sich um eine solche Gewalttat handelt. Sie können sich nicht vorstellen wie viele

junge Mitarbeiter bei ihrer ersten Obduktion gegen Ohnmacht und Übelkeit ankämpfen. Mit der Zeit wird man routinierter und stumpft ab. So traurig das klingt, aber es ist die einzige Chance, das alles zu ertragen«, tröstete er Franckh.
Dieser hauchte ein »Danke« und ging in die Küche, um die Tablette mit Wasser zu schlucken.
Mendel betrat Carolas Zimmer. Im Laufe der Jahre hatte er viele Entstellung durch tödliche Unfälle oder Kapitalverbrechen erlebt. Aber dieser Anblick überwältigte ihn. Der Körper der jungen Frau war so zartgliedrig, dass sie fast noch ein Kind hätte sein können. Das ehemals hübsche Antlitz war durch den Todeskampf entstellt, klaffende Wunden durchzogen Gesicht und Dekolleté, eine verlief quer über den Hals. Die blauen Flecke färbten sich bereits schwarz. Ihre Anordnung verriet dem Pathologen, dass die Leiche nach Eintritt des Todes nicht mehr bewegt worden war. Schneider hatte mit seiner Schätzung recht gehabt, sie war mindestens zwölf Stunden tot. Die genaue Todeszeit konnte er allerdings erst nach eingehender Untersuchung feststellen.
Er schluckte schwer, als er das Fieberthermometer auspackte, um die noch vorhandene Körperwärme zu messen. Sein routinierter Blick erfasste sofort die Situation.
»Die Leichenstarre ist voll ausgeprägt. Sie ist hier im Bett gestorben. So wie es aussieht, war sie aber nicht sofort tot. Die Attacke mit der Waffe war nicht tödlich. Sie hat sich gewehrt, an ihren Armen und den Schultern sind Blutergüsse. Die Blutspur auf dem Boden deutet darauf hin, dass sie vor dem Mörder fliehen wollte. Sie kam allerdings nicht weit, dazu waren die Kopfverletzungen zu schwer. Er hat sie auf das Bett zurück geschleift und dann die Tat vollendet. Ob er sie vergewaltigt hat, kann ich jetzt nicht eindeutig feststellen, aber es gibt Verletzungen im Genitalbereich. Das arme Mädchen hat einen qualvollen Tod gehabt.«
Schneider räusperte sich: »Ihre Kleider liegen ordentlich zusammengefaltet auf einem Stuhl. Der Mörder hat gewartet,

bis sie sich ausgezogen hatte und schlug dann erst zu. Dass sie vor ihrem Mörder fliehen wollte, deckt sich mit unseren Ermittlungsergebnissen. Ich vermute, dass sie vielleicht ihre Mutter um Hilfe rief. Der Täter ließ von ihr ab, schlich sich nach oben, erschlug die Mutter und kehrte zurück. Was für eine Mordwaffe könnte er benutzt haben?«
»So wie es aussieht ein schweres Messer oder ein Dolch, vielleicht auch eine Art Meißel. Warten wir ab, was die Obduktion ergibt. Der Mörder ist äußerst brutal vorgegangen, beinah wie im Rausch. Wenn wir Glück haben, finden sich Hautpartikel unter den Nägeln oder Sperma im Genitalbereich. Dann können wir wenigstens seine Blutgruppe bestimmen. Haben Sie sonst noch Hinweise auf ihn?«
»Wir haben einige Textilfasern gefunden, die wir Ihnen ins Labor schicken. Die Fingerabdrücke müssen erst noch ausgewertet werden. Es gibt einen blutverschmierten Fußabdruck. Der Täter war in Strümpfen, was irritierend ist und hat ungefähr Schuhgröße 42 oder 43. Seine Kleidung ist wahrscheinlich blutbefleckt?«
»Ganz sicher, allein hier ist soviel Blut gespritzt, dass er beschmutzt sein muss«, bestätigte Mendel.
»Nun will ich mir die Mutter ansehen.«
Er folgte Schneider in das Schlafzimmer. Beim Anblick des zweiten Opfers stieß er den leisen Schrei des Erkennens aus.
»Das ist unsere Rechtsanwältin, Frau Klein. Sie hat mich mehrfach juristisch beraten. Sie verteidigt die ›bessere‹ Mainzer Gesellschaft, meistens in zivilrechtlichen Angelegenheiten.«
»Das eröffnet natürlich eine neue Perspektive. Das müssen wir bei unseren Ermittlungen berücksichtigen und den Täterkreis entsprechend erweitern«, murmelte Schneider.
Mendel hatte sich bereits an die Untersuchung gemacht. »Die Todeszeit ist die gleiche. So wie es aussieht wurde sie mit einem, vielleicht auch mehreren Stichen in der Scheitelregion getötet. Es ist wahrscheinlich die gleiche Tatwaffe gewesen sein. Die Stöße sind sehr präzise ausgeführt worden.«

Er drehte die Frau auf den Rücken, hob ihren Oberkörper an und leuchtete mit einer kleinen Stablampe in die unnatürlichen Schädelöffnungen hinein.

»Die Verletzungen sind sehr tief. Es wurden lebenswichtige Regionen zerstört. Ich denke, dass der Tod innerhalb weniger Sekunden eingetreten ist. Sie ist nicht am Blutverlust gestorben. Auch sie wurde in ihrem Bett getötet.«

Er schlug die Decke zurück und schob das Nachthemd nach oben. »Sie hat Druckstellen im Unterbauch, an den Oberschenkeln, an den Oberarmen und am Hals. Der Täter könnte sich auf sie gekniet haben, um sie zu fixieren. Aber das klärt erst die Autopsie.«

In diesem Moment betrat ein Kollege des Ermittlungsteams den Raum. »Chef, wir sind soweit fertig. Es gibt kaum Spuren. Alle Zimmer bis auf die Zimmer der Ermordeten scheinen frisch geputzt zu sein. In den anderen Räumen gibt es keine eindeutigen Fußspuren oder Fingerabdrücke. Könnte hier heute morgen sauber gemacht worden sein?«

Schneider stöhnte. »Ich weiß es nicht. Das müssen wir den jungen Mann fragen.«

»So wie es aussieht, wurden weder Türen noch Fenster gewaltsam geöffnet. Nichts wurde durchwühlt oder zerstört. Der Radiowecker des Mädchens war auf 11.05 Uhr eingestellt, das erklärt, warum die Musik spielte, als wir kamen. Die Einstellung stammt sicher noch vom Sonntag. Das Mädchen hätte heute doch Schule gehabt und früh aufstehen müssen. Ihr blieb wahrscheinlich keine Zeit mehr den Wecker umzustellen.«

»Oder sie hat es vergessen.«

Dr. Mendel hatte seine erste Untersuchung inzwischen abgeschlossen. »So, ich bin hier fertig. Ich werde mich mit den Obduktionen beeilen. Vielleicht haben Sie schon morgen die ersten Ergebnisse«, verabschiedete er sich.

»Danke, ich weiß Ihre Mühe zu schätzen. Unser Team wird sich in zwei Stunden im Präsidium treffen. Falls Sie da schon

etwas Wichtiges gefunden haben, können Sie mich dort erreichen.«
Schweigsam betteten zwei Männer eines Bestattungsinstitutes den toten Körper in einen metallenen Sarg.

Montag, 7. April, 17.00 Uhr

Die Männer versammelten sich im Besprechungsraum des Präsidiums. Schneider musste zuvor seinem Vorgesetzten über den Doppelmord berichten. Leider befand sich der Polizeipräsident in Urlaub und Schneider stand statt dessen dem Vizepräsidenten Wiese Rede und Antwort. Dieser hatte in seiner jovialen Art den Hauptkommissar an seine Pflichten als Beamter erinnert. Jedesmal war es dieselbe Prozedur.
»Ich brauche ja wohl nicht zu erwähnen, dass bei einem solchen Verbrechen die Zeit gegen uns arbeitet. Jede Stunde zählt, je mehr Zeit verstreicht, desto kälter wird die Spur.«
Schneider kannte diesen Sermon schon zur Genüge. Gleich würde er den Hauptkommissar auffordern, der Jugendszene besondere Aufmerksamkeit zu schenken und auch eine familiäre Beziehungstat zu berücksichtigen.
Der Vizepräsident lag mit seiner Tätereinschätzung in der Regel zu fünfundneunzig Prozent daneben. Er hielt alle Jugendliche, Familienmitglieder ausgeschlossen, für ausgeflippte Blumenkinder, die er am liebsten in Erziehungsanstalten verbannt oder Arbeitslagern diszipliniert sähe, damit sie nicht den Staat durch Revolte in Anarchie stürzen konnten.
Geduldig hörte er seinem Vorgesetzten zu, war mit seinen Gedanken aber längst bei der bevorstehenden Besprechung. Er wusste, dass die Männer ihn schätzten und fast geschlossen hinter ihm standen, auch wenn sie ihn manchmal für verbissen hielten. Wenn er einen Verdacht hegte, ließ er sich nicht von der Spur abbringen. Er forschte solange nach, bis sich dieser bestätigte oder in Luft auflöste. Mehrfach schon war er wegen seiner konsequenten Ermittlungsweise mit dem Innenministerium kollidiert. Doch sobald er einen Fall erfolgreich aufgeklärt

hatte, waren alle Querelen und Drohungen vergessen. Man klopfte sich dort dann auf die Schulter und freute sich über die gelungene Aufklärung.
Trotz seiner Effizienz wurde er in regelmäßigen Abständen bei Beförderungen übergangen. Er hatte kein Parteibuch, was ihn am Fortkommen hinderte. Doch das störte ihn wenig. Er tat seine Arbeit frei von parteipolitischen Zwängen. Sein Verhalten hatte ihm den Spitznamen »Terrier« eingebracht und im Grunde seines Herzens hatte er auch nichts dagegen.
Für seine Mitarbeiter hatte er stets ein offenes Ohr, stand ihnen mit Rat und Tat zur Seite und verteidigte sie gegen politische oder publizistische Anfeindungen. Doch manchmal wünschte er, er wäre dienstlich etwas weniger pflichtbewusst und würde sich mehr um seine Familie kümmern. Seine Töchter wuchsen heran und er nahm nur am Rande daran teil. Die Älteste pubertierte und seine Frau fühlte sich manchmal mit der alleinigen Erziehung überfordert. Wenn sie besonders gereizt war, warf sie ihm vor, dass er sich um seine väterliche Verantwortung drückte. Und vielleicht hatte sie damit gar nicht mal so Unrecht.
Der Vizepräsident stand kurz davor seinen Monolog zu beenden, in dem er den für ihn typischen Gedankenschwenk machte. »Es war höchstwahrscheinlich ein Verwandter oder enger Bekannter. In letzter Zeit häufen sich diese Familientragödien ja gerade zu, vor allem die Wochenenden werden anscheinend zur Klärung familiärer Probleme bevorzugt. Finden Sie Herrn Klein und Sie haben unseren Täter.«
Schneider stand auf. Mord als »Klärung familiärer Probleme« zu bezeichnen grenzte an Geschmacklosigkeit. Er überragte seinen Vorgesetzten um Haupteslänge. Dieser mochte es gar nicht, von unten nach oben zu schauen und stellte sich unbewusst auf die Zehenspitzen. Schneider registrierte die Körpersprache mit einem Schmunzeln, streckte seinen Rücken so weit er konnte und verabschiedete sich mit dem Versprechen

»Alles daran zu setzen, den Fall so schnell wie möglich zu klären.«

Die Beamten hatten sich beim Metzger an der Ecke mit der besten »Meenzer Fleischwurst« und Brötchen eingedeckt. Heute war keiner von ihnen zum Scherzen aufgelegt. Der grausige Anblick des toten Mädchens dämpfte die Stimmung. Mancher würde heute Nacht nur schlecht Schlaf finden. Schneider schaute kurz zu Franckh und stellte fest, dass er das Erlebnis zumindest äußerlich verarbeitet hatte.
»Ich möchte die ersten Ermittlungsergebnisse hören. Seid ihr soweit?«
Die Männer nickten.
»Was hat die Befragung der Nachbarn ergeben?«, wollte er wissen.
Schmidt meldete sich zu Wort. »In unmittelbarer Nachbarschaft hat niemand etwas gehört oder gesehen. Die haben alle vor dem Fernseher gesessen und den Durbridge geschaut und sind dann zu Bett gegangen. Wir haben allerdings noch nicht alle befragen können, da manche nicht zu Hause waren. Die Spätschicht wird sich darum kümmern.«
»Das war zu erwarten. Hätte ein Nachbar etwas bemerkt, wäre sicherlich ein Notruf eingegangen. Hat jemand bei der Einsatzzentrale nachgefragt, ob es einen entsprechenden Anruf gegeben hat?«
»Ja«, schaltete sich Franckh ein, »ich habe mich vorhin erkundigt. Bis auf ein paar randalierende Betrunkene in der Augustinergasse und zwei Sachbeschädigungen wurde nichts gemeldet. Es war eine ruhige Sonntag Nacht. Wenn ein Durbridge läuft, sind die Straße anscheinend wie ausgestorben. Es ist wirklich erstaunlich«, sinnierte er.
Die anderen Beamten betrachteten ihn grinsend.
»Ist die Tatwaffe gefunden worden?«, wollte Schneider wissen.

Werner verneinte dies. »Wir haben eine Hundestaffel angefordert, die momentan das Anwesen der Kleins, die Gärten der Nachbarn und den Volkspark durchsucht.«
»Sind die Fotos vom Tatort bereits fertig?«
Pfitzer holte einen dicken Stapel aus dem rosa Aktendeckel des Präsidiums. »Auf den Fotos sieht alles noch viel schlimmer aus als am Tatort. Aber überzeugt euch selbst. Ich habe jedes Foto drei Mal abgezogen.«
Die Bilder glänzten in Schwarzweiß. Die messerscharfen Konturen der Opfer warfen keinen Schatten und alle Gegenstände in den Zimmern traten deutlich hervor. Die ganze Erbarmungslosigkeit dieses Verbrechens spiegelte sich in Hochglanz wieder.
Das Bett des Mädchens stand mit der Längsseite an der Wand unter dem Fenster. Am Kopfende des Bettes befand sich ein Nachttisch, auf dem eine umgestoßene Lampe, ein aufgeschlagenes Buch mit zerrissenen Seiten und ein zerrupfter Heftordner Zeugnis von einem Kampf ablegten. Ebenso zeigte der halb herunter gerissene Vorhang, dass sich das Mädchen gewehrt haben musste.
Die Wand hinter dem Bett war mit dunklen Spritzern und größeren Flecken übersät. Die Größeren schimmerten im Glanz des Blitzlichtes noch feucht. Es entstand der Eindruck, als hätte sich die Besitzerin des Zimmers künstlerisch ausgetobt und mit Schwung dunkle Farbe an die Wand geklatscht. Nur dass es keine Farbe war, sondern zähflüssiges Blut.
Eine der tödlichen Wunden verlief von der linken oberen Schläfe an den linken Mundwinkel. Am Hals klaffte eine Schnittwunde quer über den Kehlkopf. Die Oberarme wiesen deutliche Druckstellen auf, ebenso die Oberschenkel. Durch die Lage der Leiche war das schwärzliche Loch hinter dem linken Ohr nicht zu erkennen.
Vor dem Bett gab es einen großen, verschmierten Blutfleck. In ihm konnte man deutlich einen bestrumpften Fußabdruck und zwei Schleifspuren ausmachen, die von den Füßen des

Opfers stammten. Dieser Hinweis ließ den Schluss zu, dass das Mädchen nach einem ersten Angriff, bei dem bereits einiges Blut geflossen sein musste, aus dem Bett aufstand, um zu fliehen. Doch ihr Mörder hatte sie gnadenlos zurück gezerrt.
Die Heftigkeit des Kampfes und dessen Aussichtslosigkeit ließ die Männer erschauern. Das Mädchen hatte zu keinem Zeitpunkt eine reelle Chance gehabt, zu entkommen. Die Beamten wussten, dass der Tod langsam und qualvoll durch Verbluten eingetreten war. Falls sie vergewaltigt worden war, musste sie es noch gespürt haben.
Das Schlafzimmer der Mutter bot ein ganz anderes Bild. Das Ehebett stand mit dem Kopfende an der Wand, das Gestell ragte in den Raum hinein. Hier gab es nur geringe Anzeichen für eine Gegenwehr. Einzig die Nachttischlampe war umgestoßen und ein Buch auf den Boden gewischt.
Der Kopf der Ermordeten ruhte auf dem Kissen, die Decke war bis über die Schultern hochgezogen. Auf der freien Seite des Ehebettes waren Kopfkissen und Decke zerwühlt und wiesen einige Blutspritzer auf, die aber erst bei näherem Hinschauen auszumachen waren. Unter dem Kopf der Toten zeichnete sich deutlich eine kleine Blutlache ab.

Die Männer hatten die Fotos wortlos herumgereicht. Ab und zu hörte man ein leises Seufzen oder ein lautes Schlucken. Schneider räusperte sich. »Ist schon ein erster Obduktionsbefund von Mendel da?«
Zöller schüttelte den Kopf. »Der Mann kann ja nicht zaubern.«
»Ich weiß, aber er legt sich bei diesem Fall schwer ins Zeug. Es hätte ja immerhin sein können.«
In diesem Moment klingelte das Telefon. Schneider stürmte mit Riesenschritten an den schweren schwarzen Apparat und hob mit einem Räuspern ab.
»Mendel hier. Ich habe zuerst die Tochter untersucht. Wir haben Glück. Der Kerl hat sie tatsächlich vergewaltigt. Ich

habe bereits die Blutgruppe bestimmt. Es ist B positiv, Ausscheider, die Untergruppenbestimmung dauert noch einige Zeit. Sie hat Hautpartikel und Blut unter den Nägeln gehabt mit der gleichen Blutgruppe. Und ich habe einige Schamhaare gefunden, die nicht von ihr sind. Welche Haarfarbe hat ihr Freund?«

»Echtes Feuerrot«, entgegnete Schneider.

»Das ist gut. Den kann ich mit Sicherheit ausschließen. Unser Täter ist braunhaarig. Mehr kann ich momentan nicht sagen, alles andere wäre Spekulation.«

»Können wir davon ausgehen, dass der Täter Kratzspuren im Gesicht aufweist?«

»Ja, mit 90-prozentiger Wahrscheinlichkeit im Gesicht oder am Hals, die meisten Opfer in vergleichbarer Situation wehren sich, indem sie das Gesicht ihres Peinigers zerkratzen. Mehr kann ich Ihnen aber wirklich nicht geben«, verabschiedete sich der Pathologe.

»Ich danke Ihnen, sie sind eben doch ein Zauberer«, sagte Schneider mit einem Seitenblick auf Zöller.

»Nun haben wir wenigstens Ansatzpunkte für unsere Fahndung.«

Er drehte sich zu seinen Männern um und sein Gesichtsausdruck verriet ihnen, dass der Terrier Witterung aufgenommen hatte.

»Also unser Täter ist braunhaarig, hat Blutgruppe B positiv und höchstwahrscheinlich ein zerkratztes Gesicht. Der verwischte Fußabdruck verrät, dass er vermutlich nicht größer als 1,80 m und schlank ist. Zuerst werden alle Bus- und Taxifahrer, die Sonntag Nacht im Einsatz waren befragt. Dann ergeht eine Meldung an alle Reinigungen in der Stadt, im Kreis Mainz-Bingen und über den Rhein. Fragt nach, ob jemand blutbefleckte Kleidung zum Reinigen gebracht hat. Wenn es sein muss, dehnen wir die Fahndung bis Frankfurt und Wiesbaden aus. Außerdem muss Herr Klein ausfindig gemacht werden. Ist das schon in die Wege geleitet?«

Schmidt nickte mit dem Kopf. »Es ist nicht leicht ihn aufzuspüren. Er ist Diplomat in Bonn und momentan auf einer Reise. Wir haben mit den zuständigen Stellen telefoniert. Er ist am Samstag von Frankfurt nach Paris geflogen, von dort wollte er weiter nach New York. Wir prüfen das nach.«
»Also können wir ihn noch nicht von der Verdächtigenliste streichen. Frau Klein war Rechtsanwältin. Ihre Klientel war die gehobene Mainzer Gesellschaft. Wir müssen auch in dieser Richtung ermitteln. Vielleicht fühlte sich einer schlecht verteidigt und hat Rache geübt. Wer übernimmt die Durchsuchung der Praxis?
Werner, Brückner und Zöller standen auf. »Haben wir schon eine Durchsuchungserlaubnis?«
»Die habe ich vorhin beantragt. Inzwischen müsste sie fertig sein. Schmidt, Sie werden die Befragung der Bus- und Taxifahrer leiten. Nehmen Sie sich einige Kollegen zur Unterstützung mit.«
Schmidt nickte kommentarlos.
»Franckh, sie setzen das Schreiben an die Reinigungen auf. Es soll noch heute rausgehen. Morgen nehmen Sie sich zwei Beamte und befragen die Reinigungen in Tatortnähe und in der Innenstadt. Ich selbst werde den Freund befragen. Um 19.30 Uhr treffen wir uns zur Besprechung.«

Schneider fuhr nach Gonsenheim und parkte vor dem Haus, in dem Thomas Kayser wohnte. Er bemerkte die streng formale Aufteilung des Vorgartens. Alles war korrekt gepflegt, die ersten goldenen Narzissen wippten sacht im Wind, als wollten sie die Tristesse dieses typischen Apriltages vertreiben.
Auf sein Klingeln öffnete eine gepflegte Frau, Ende vierzig mit leuchtend rotem Haar. Sofort erkannte er sie als Mutter des Jungen.
»Guten Tag, Frau Kayser. Mein Name ist Schneider. Ich bin von der Mordkommission«, stellte er sich vor.

»Guten Tag, Herr Schneider. Ich muss Sie leider korrigieren. Ich heiße jetzt Dietz. Thomas trägt den Namen meines geschiedenen Mannes.«
»Kann ich Ihren Sohn sprechen, Frau Dietz«, fragte er.
»Ich muss nachschauen, ob er dazu in der Lage ist. Thomas ist ziemlich mitgenommen. Obwohl ich eher glaube, dass das mehr am Anblick als am Verlust seiner Freundin liegt. Alle paar Monate bringt er ein neues Mädchen an, so dass mein Mann und ich es längst aufgegeben haben uns Namen zu merken. Er ist in unseren Augen überhaupt nicht bindungsfähig.«
Sie führte ihn ins Wohnzimmer und forderte ihn auf, Platz zu nehmen.
»Möchten Sie etwas trinken?«, fragte sie.
Auch wenn sie anscheinend eine kaltherzige Frau war, befolgte sie wenigstens die Regeln der Höflichkeit.
Schneider unterdrückte seine Abneigung. Frau Dietz war eine jener egozentrischen Frauen, deren Äußeres geschickt zurecht gemacht war, die aber immer das letzte Wort hatten und keinerlei Rücksicht auf Gefühle anderer nahmen. Ihre Welt bestand aus vordergründiger Perfektion, um über inhaltliche Leere hinweg zu täuschen.
Schneider bat um ein Glas Wasser und sie verließ mit festem Schritt das elegante Wohnzimmer.
Er blickte sich um und registrierte das Fehlen von Geborgenheit. Er hatte das Gefühl im Ausstellungsraum eines teuren Möbelgeschäftes zu sein und nicht in einem Wohnzimmer.
Frau Dietz kam mit säuerlicher Miene zurück. Auf einem Tablett balancierte sie eine Karaffe mit Wasser und ein hochstieliges Glas.
»Thomas ist bereit sie zu sehen, aber er möchte, dass Sie in sein Zimmer kommen. Ich zeige Ihnen den Weg. Nachher will ich Sie sprechen. Ich erwarte Sie dann im Wohnzimmer«, sagte sie mit einem Tonfall der keine Widerrede duldete.
Schneider nippte am Wasserglas und folgte ihr. Sie stiegen hinab in das dämmrige Souterrain. Der Hauptkommissar

überlegte, warum die Jugendlichen von heute es vorzogen in Kellern zu wohnen. Ob eine ungestillte Sehnsucht nach der Unterwelt sie dazu trieb?
Frau Dietz klopfte laut an die Tür und öffnete diese beinah gleichzeitig.
Der Junge saß auf einem überdimensionalen, afrikanisch anmutendem Sitzkissen, hörte lautstark psychedelische Musik, starrte an die Zimmerdecke und inhalierte den Rauch eines Räucherstäbchens. Schneider erkannte den Duft: Patchouli. Seine 14-jährige Tochter räucherte abends damit ihr Zimmer ein. Und wieder stellte er fest, welche Kluft zwischen seiner und der Generationen von Thomas Kayser lag. War den jungen Menschen jeglicher Geruchssinn abhanden gekommen? Der Geruch ähnelte weniger einem Duft, sondern roch vielmehr nach trockenem, sporigen Holz, mit einem Hauch Verwesung.
Aber vielleicht war es genau das, was er brauchte, um den Tod aus seinen Erinnerungen zu verbannen.
»Wie geht es Ihnen?«, wollte Schneider wissen.
Der Junge drehte sich um und sein gläsernstarrer Blick verriet dem Kommissar, dass er nicht nur das Beruhigungsmittel seiner Mutter genommen hatte. Der Blick streifte Schneider nur und fixierte die Frau. Sie verstand seine wortlose Aufforderung und verließ mit einem leisen Seufzen den Raum. »Wir sehen uns nachher ja noch einmal!«, sagte sie zu Schneider.
Diese Frau war Ärztin, aber ihre diagnostische Fähigkeit schien bei ihrem Sohn zu versagen. War sie blind oder wollte sie es sein?
Schneider wiederholte seine Frage. Der Junge deutete auf sein Bett. Schneider setzte sich. Das glucksende Geräusch des Wasserbettes riss den Jungen aus seinem Tagtraum.
»Würden Sie Ihre Frage wiederholen. Ich habe Sie nicht verstanden.«
»Ich wollte nur wissen, wie es Ihnen geht, Herr Kayser.«

»Ich heiße übrigens Thomas. Sie können mich ruhig beim Vornamen nennen. Mir geht es so lala. Wie würden Sie sich fühlen, wenn sie eine solche Entdeckung gemacht hätten?«, fragte er ihn ohne echtes Interesse.
»Ob Sie mir das nun glauben oder nicht, ich weiß, was Sie fühlen«, entgegnete Schneider. »Als ich zehn Jahre war, das war 1945, habe ich in einem verlassenen Schuppen vier Leichen entdeckt. Es waren alles Frauen. Diesen Anblick habe ich nie vergessen und noch immer träume ich davon.«
»Na, dann war das heute Morgen ja reine Routine für Sie«, sagte Thomas in sarkastischem Ton, »ein Klacks, sozusagen!«
Schneider räusperte sich. »Halten Sie den Mund! Tod, insbesondere Mord, ist nie Routine. Jedesmal aufs Neue kann ich die Grausamkeit eines solchen Verbrechens nicht verstehen. Ich frage mich, wie ein Mensch einem anderen den Tod bringen kann. Das heute morgen war alles andere als Routine. Diese brutalen Morde, vor allem der an Carola, zeigen keine Spur von Menschlichkeit mehr. Ich werde mich nie daran gewöhnen.«
Thomas schwieg. Schneider begann langsam mit der Vernehmung.
»Würden Sie mir bitte genau schildern, was sich heute Morgen ereignet hat.«
»Ich habe Ihrem Kollegen doch schon alles gesagt. Mehr fällt mir nicht ein«, äußerte er sich gelangweilt.
»Gut. Dann fangen wir ganz von vorne an. Wann haben Sie Carola kennengelernt?«
»Das war an Silvester auf einer Party bei einem gemeinsamen Freund, Matthias Mattern.«
»Gab es auf der Party Drogen?«, wollte der Kommissar wissen.
»Jetzt spielen Sie bloß nicht den Moralapostel. Es reicht mir schon, wenn meine Alte mir ständig die Gefährlichkeit von Drogen vorleiert.«
Also war seine Mutter doch nicht blind, wohl eher hilflos.

»Ich spiele nicht den Moralapostel. Ich ermittle in einem Kapitalverbrechen. Aber ich muss alles über Carola wissen. Bisher deuten die Indizien auf einen Beziehungstäter. Also muss ihr Umfeld genau durchleuchtet werden. Vielleicht finden wir hier den Täter. Sie wollen doch sicher, dass dieses Verbrechen aufgeklärt wird, oder?«
»Natürlich«, sagte der Junge gedehnt. »Verraten Sie mich nur nicht meinen Eltern, sonst krieg ich keine Flocken mehr.«
Schneider bezweifelte inzwischen, dass diese nicht längst über den Zustand des Jungen Bescheid wussten.
»Hat Carola auch Drogen konsumiert?«
»Ja, wir haben beide Hasch geraucht und ab und zu etwas LSD genommen. Caro hat das aber nicht so gut vertragen. Sie hat fast nur gekifft.«
»Hat sie sich in der letzten Zeit verändert? Hat sie sich bedroht gefühlt.«
»Nö, nicht das ich wüsste. In der Schule ist sie etwas schlechter geworden, aber das hat sie anscheinend nicht belastet. Sie war ein ganz schön flotter Käfer. Sie wollte das Leben genießen und hat das auch getan. Ich war nicht ihr erster Freund. Sie hatte bestimmt schon drei oder vier Kerle gehabt und ich war auch nicht ihr erster Lover. Glaub ich zumindest. Jeder hat Carola gemocht. Sie war immer nett und ihre abgelegten Freunde haben sich gut mit ihr verstanden. Sie schien mir keine Angst gehabt zu haben«, bemerkte er mit einem Anflug von Wehmut.
»Gab es irgendetwas, das sie vielleicht erschreckt hat. Denken Sie bitte genau nach«, insistierte Schneider.
Der Junge lehnte sich zurück, wobei der Reis in dem Sitzkissen ein reibendes Geräusch von sich gab. Gedankenverloren starrte er auf ein Poster von Jimmi Hendrix.
Schneider änderte seine unbequeme Position, wobei wieder dieses quakende Glucksen ertönte. Er fragte sich, wie ein Mensch auf so einem wabernden Bett überhaupt Schlaf finden konnte.

Thomas legte seine Stirn in Falten und stand unvermittelt auf. Er lief durch das Zimmer und entzündete ein neues Räucherstäbchen. Schneider lockerte seine Krawatte und schlüpfte aus dem Trenchcoat.
»Ist Ihnen heiß?«, wollte der Junge wissen.
»Etwas. Die Luft hier drin ist nicht die Beste.«
»Ok. Ich mach das Stäbchen aus und lüfte.« Er riss das vergitterte Fenster auf. Sofort wurde das Zimmer von einem Schwall kühler, belebender Luft durchdrungen.
»Ich erinnere mich an einen Vorfall vor drei Wochen. Es war Samstag Abend und schon dunkel. Wir beide waren in der Gartenlaube und haben uns in Stimmung gebracht.«
»Mit Drogen?«
Thomas warf dem Kommissar einen süffisanten Blick zu: »Nein, mit Petting. Sie kennen doch sicher das Motto unserer Generation: Petting statt Pershing?«
Schneider nickte gequält. »Kommen Sie endlich zur Sache!«
»Ist ja gut. Also, Ihre Eltern waren nicht da und da haben wir die Chance genutzt. Wir waren so richtig in Fahrt und wollten gerade zur Sache kommen, als Carola plötzlich aufhörte und in den Garten lauschte. Sie hat mir gesagt, dass sie jemanden schnaufen gehört hat. Ich hab gelacht und gesagt, dass dies das Schnaufen meiner Erregung sei. Doch sie bestand darauf, dass uns jemand beobachtete. Sie sagte, dass sie das ganz deutlich spürte. Frauen und ihre Intuitionen! Ich hab sie ausgelacht und wollte weitermachen. Doch sie bestand darauf, dass wir ins Haus gingen. Allerdings war ihre Stimmung dann am Nullpunkt und an diesem Abend hat es keinen Sex gegeben. Ich war ganz schön wütend und bin dann bald gegangen.«
»Hat Carola später darüber gesprochen?«
»Nein, hat sie nicht. Aber sie hat dann eine Zeit lang ihre Vorhänge zugemacht. Ich kann bis heute nicht sagen, ob sie sich das alles einbildete, oder ob wirklich Jemand dagewesen war. Ich frage mich nur, wer das gewesen sein sollte. Ihre Eltern waren

beide weg. Ich denke ihre Fantasie oder ihre Schuldgefühle haben ihr einen Streich gespielt.«

»Warum sollte sie Schuldgefühle haben?«

»Na, sie sind naiv. Eine Tochter aus gutem Haus, die kifft und bumst, bevor sie volljährig ist. Ihre Mutter hat ihr immer wieder ins Gewissen geredet. Die wäre völlig durchgeknallt, wenn sie das erfahren hätte.«

»Unterschätzen sie da Frau Klein nicht etwas? Sie hat sich auf Grund ihres Berufes ganz bestimmt keine Illusionen gemacht.«

»Aber ihr Vater wäre ausgerastet. Ein Diplomat in höheren Kreisen, kann sich keine marode Familie leisten.«

»Da kann ich Ihnen nur eingeschränkt zustimmen. Wir leben hier nicht in Amerika, wo die Intaktheit der Familie für die Karriere eines Politikers unerlässlich ist. Glauben Sie hier in Deutschland würde ein relativ unbedeutender Diplomat Frau und Tochter umbringen, nur um den äußeren Schein zu wahren?«, konterte Schneider.

Der Junge schaute ihn das erste Mal mit echtem Interesse an.

»Sagen Sie nur, Sie sind kein Ami-Freund, wie die anderen reaktionären Spießer?«, höhnte er.

»Sie sind doch ein intelligenter Mensch und sollten nicht politische Ansichten anderer unreflektiert wiedergeben. Sie selbst verlangen nach grenzenloser Freiheit und unendlichem Verständnis, stecken aber ihre Mitmenschen, vor allem die der älteren Generation, in Schubladen und erkennen ihnen ihre menschliche Würde ab, indem Sie sie zu illiberalen Kleinbürgern degradieren.«

»Sieh an, hier sitzt ein Philosoph. Gehört das heute zur polizeilichen Ausbildung?«, höhnte Thomas.

»Sie können sich Ihren Sarkasmus sparen, denken Sie lieber darüber nach. Aber jetzt möchte ich weitermachen. Hat sich Carola nach diesem Erlebnis verändert?«

»Nur ein paar Tage. Seit ungefähr einer Woche war sie ganz die Alte, lebenslustig und allem Neuen gegenüber aufgeschlossen.«

»Wieviel Rauschgift hat sie konsumiert? Woher haben Sie es bekommen?«

»Sie hat am Wochenende auf den Partys gekifft. Zuhause hat sie es sich nicht getraut. Vom LSD hat sie ziemlich schnell die Finger gelassen, da sie es nicht gut vertrug. Aber wenn Sie denken, dass ich Ihnen unsere Quelle preisgebe, irren Sie sich.«

Er verdrehte seine Augen gegen die Zimmerdecke und zuckte gelassen mit den Schultern.

Schneider hatte genug vom renitenten Verhalten des Jungen.

»Ich könnte einen Durchsuchungsbefehl beantragen. Ihr VW-Bus scheint mir sehr vielversprechend zu sein. Ihre Eltern sind sicher begeistert, wenn ihr Sohn Kontakt zum Drogenmilieu hat«, entgegnete Schneider sarkastisch.

Der Junge wurde kleinlauter. »Tun Sie das nicht, Sie werden nichts finden!«

»Noch sehe ich hierfür keine Veranlassung, obwohl Sie sich strafbar gemacht haben. Momentan werde ich noch keine gesetzlichen Schritte gegen Sie einleiten, auch wenn ich damit gegen die Dienstvorschrift verstoße. Aber was nicht ist, kann ja noch werden! Kommen Sie zur Vernunft! Sie verbauen sich alle Chancen Ihres Lebens. Wenn Sie erst richtig abhängig sind, kommen Sie nur sehr schwer davon los.«

»Sie reden wie meine Eltern«, entgegnete er gelangweilt.

Schneider überhörte den Einwurf: »Wann hatten sie mit Carola zuletzt Geschlechtsverkehr?«

»Vor drei Tagen.«

»Welche Blutgruppe haben Sie?«

»Null positiv.«

»Das ist gut. Wir haben nämlich Sperma und Blut vom Täter. Das stimmt nicht mit Ihnen überein.«

»Da bin ich aber beruhigt«, witzelte er, wobei er die Augen weit aufriss, um gespieltes Entsetzten vorzutäuschen.
Schneider unterdrückte seinen Zorn. Die Flegelhaftigkeit des jungen Mannes reizte ihn mit jeder Minute mehr. Die Jahre hatten ihn allerdings gelehrt, seine Empfindungen zu unterdrücken und einen unverbindlichen Gesichtsausdruck zu wahren. Vor allem in Verhören war dies ein großer Vorteil. Er verspürte keine Lust mehr, sich noch länger mit Thomas auseinander zu setzten und stellte eine letzte Frage.
»Können Sie mir sagen, ob die Kleins eine Putzfrau haben und wenn ja, wann sie kommt.«
Thomas stutzte und kratzte sich am Hinterkopf. »Ja, natürlich haben sie eine *Haushaltshilfe*. Sie heißt Frau Rapp und kommt montags und donnerstags.«
Er hielt kurz inne, als dächte er über seine Worte nach. »Aber das bedeutet ja, dass sie heute morgen im Haus war. Sie hat die Toten nicht gefunden. Heißt das, dass ich der Hauptverdächtige bin?«
Schneider unterdrückte den Impuls, dem Jungen Angst einzujagen. »Nein, die Todeszeit besagt, dass die Frauen gegen Mitternacht ermordet wurden und da hatten Sie doch wohl ein Alibi, oder?«
»Natürlich, ich war hier und habe geschlafen. Fragen Sie meine Mutter.«
»Das werde ich auch tun. Nennen Sie mir bitte einige gemeinsame Freunde von Carola und Ihnen. Wenn Sie das nicht tun, kann ich Ihre Mutter oder Ihre Mitschüler befragen.«
Der Junge zuckte mit den Schultern. Er spürte, dass er hier am kürzeren Hebel saß und eine Kooperation angemessen erschien. Wer weiß, was im Verlauf der Ermittlungen noch alles zu Tage gefördert wurde. Wenn er mit der Polizei zusammenarbeitete, kam er vielleicht heil aus der Sache heraus. Er nannte Schneider mehrere Namen und Adressen, bat ihn aber seinen Namen nicht ins Spiel zu bringen. Er wollte seine Freunde nicht verlieren.

Als Schneider den Raum verlassen wollte, erinnerte ihn Thomas an das Gespräch mit seiner Mutter.
»Denken Sie daran, dass meine Mutter Sie zu einem Gespräch aufgefordert hat. Sie kann sehr unangenehm werden, wenn man ihre Wünsche übergeht.«
»Ich bin zwar älter als Sie, aber immer noch im Vollbesitz meiner geistigen Kräfte. Im Gegensatz zu Ihnen, weiß ich wie man sich verhält. Auf Wiedersehen. Und übrigens verlassen Sie Mainz nicht, bis wir es Ihnen gestatten. Sie sind ein wichtiger Zeuge und wir müssen Sie jederzeit antreffen können.«
Thomas schnaufte und verdrehte die Augen. Er schlurfte zu seinem Plattenspieler und spielte die Platte von vorne ab.

Schneider stieg die Treppe hinauf und stellte fest, dass er wieder Sodbrennen bekam. Der junge Mann stieß ihm sauer auf.
Energisch klopfte er an die Wohnzimmertür und betrat die Höhle der Löwin. Frau Dietz saß dekorativ dem Sofa, die Beine übereinander geschlagen. Sie legte eine medizinische Fachzeitschrift beiseite.
»Können Sie mir einen detaillierten Bericht über das Verbrechen geben? Natürlich nur, wenn es die Ermittlungen gestatten.«
Kurz berichtete er über die Verwicklungen ihres Sohnes in diesen Fall.
»Nimmt Thomas Drogen?«, fragte sie ihn eindringlich.
Schneider war in einer Zwickmühle. Wahrscheinlich würde es dem Jungen guttun, wenn seine Eltern Gewissheit hätten. Aber er wollte und konnte sich nicht in Familienangelegenheiten von Zeugen oder potentiellen Täter einmischen.
»Das müssen Sie ihn schon selbst fragen. Sie sind doch Ärztin und müssten die Anzeichen erkennen können.«
»Also nimmt er welche. Ich weiß nicht, wie ich an den Jungen herankommen kann. Er ist verschlossen und abweisend und will überhaupt keine Hilfe von uns annehmen. Er behauptet,

wir würden ihn manipulieren. Dabei wollen wir nur nicht, dass er in dieser sensiblen Phase seines Lebens Schiffbruch erleidet.«
Sensibilität schien Schneider nicht eines der hervorstechenden Merkmale des Jungen zu sein. Aber Eltern beurteilen ihren Nachwuchs immer anders als Außenstehende. Er enthielt sich jeglichen Kommentars.
»Frau Dietz ich muss zurück ins Polizeipräsidium. Wenn Sie einen Verdacht haben, dann sollten Sie qualifizierte Hilfe zu Rate ziehen. Ich darf mich verabschieden.«
Die Frau brachte ihn zur Tür und reichte ihm ihre kühle Hand zum Abschied. »Kann ich Sie bei Bedarf im Präsidium anrufen, Herr Schneider?«
»Natürlich. Wenn ich nicht da bin, hinterlassen Sie eine Nachricht. Ich melde mich dann bei Ihnen. Übrigens soll sich Ihr Sohn bitte zu unserer Verfügung halten, bis die Ermittlungen abgeschlossen sind. Auf Wiedersehen.«

Montag, 7. April, 19.30 Uhr, Präsidium

Schneider rief seine Frau an, um ihr mitzuteilen, dass sie nicht mit dem Abendessen auf ihn warten sollte. Er konnte die Anspannung in ihrer Stimme spüren. Sie fühlte sich vernachlässigt und das zu Recht. Kurz erklärte er ihr den Grund, doch sie wusste bereits von dem Fall.
»Vorhin kam eine Meldung im Radio, Südwestfunk. Ich habe mir schon gedacht, dass das *dein* Fall ist. Ich bleibe bis gegen elf Uhr auf. Viel Erfolg.«
Sein schlechtes Gewissen drückte ihn einige Momente, dann machte er sich wieder an die Arbeit.
Im Besprechungsraum trafen sie sich alle wieder. Die Männer berichteten nacheinander über den Stand der Dinge.
An alle Reinigungen in Mainz und Wiesbaden waren entsprechende Meldungen per Eilboten herausgegangen. Viele Reinigungen hatten bereits geschlossen, bisher hatte keine die Abgabe blutbefleckter Kleidung gemeldet.

Die Befragung der Bus-, Straßenbahn- und Taxifahrer hatte ebenfalls zu keinem Ergebnis geführt.
Auch die unmittelbare Nachbarschaft schien nichts bemerkt zu haben. Keiner hatte etwas gehört oder gesehen.
Die Suche nach der Tatwaffe dauerte an. Nirgends fand sich ein Instrument, das die Wunden verursacht haben könnte. Die Bereitschaftspolizei hatte mit Hunden die Gärten und den Grüngürtel abgesucht, ohne ein Resultat zu bekommen. Sie hatten in jede Abfalltonne, in jeden öffentlichen Abfalleimer geschaut. Nichts. Nun wurde der Suchkreis weiter ausgedehnt.
Herr Klein war nicht aufzufinden. Eine Nachfrage an den Flughäfen in Paris hatte ergeben, dass kein Mann dieses Namens in den letzten vierundzwanzig Stunden dort gelandet war. Auch seine Dienststelle wusste nicht, wo er sich momentan befand.
Also nahmen sie ihn wieder in die Liste der Verdächtigen auf. Sehr zum Wohlgefallen des Vizepräsidenten und einiger älterer Beamter, deren Fantasie nicht ausreichte, den Täterkreis entsprechend zu erweitern.
Brückner sprach das aus, was viele dachten. »Ich denke, dass Klein der Täter ist. Er konnte ohne Gewaltanwendung ins Haus. Er hatte die Möglichkeit seine Kleidung zu wechseln und er konnte mit dem Auto wegfahren ohne gesehen zu werden. Wahrscheinlich kuriert er irgendwo seine Kratzwunden aus und kommt in ein bis zwei Wochen gutgelaunt nach Hause.«
»Ich kann mir momentan nicht vorstellen, dass er der Täter ist«, entgegnete ihm Schneider. »Die Verbrechen, vor allem das an der Tochter, ist zu grausam. Wir haben es schon erlebt, dass Familienväter ihre Familie auslöschen. Doch geschieht dies nicht auf so bestialische Weise. Sie erschießen, erdrosseln oder erschlagen Ehefrau und Kinder, aber sie quälen sie nicht. Das Mädchen hat einen langsamen, qualvollen Tod gehabt. Der Vater hätte es sicherlich nicht ertragen, sie um ihr Leben betteln

und flehen zu hören. Das widerspricht unseren bisherigen Erfahrungen. Allerdings gibt es nichts, was es nicht gibt. Er bleibt auf der Liste, bis wir ihn vernommen haben. Aber wir müssen in allen Richtungen ermitteln.«
Franckh meldete sich zu Wort. »Sollen wir nicht mit den anderen Dezernaten zusammenarbeiten? Vielleicht ist unser Täter bei der Sitte bereits bekannt, nur dass er dieses Mal weitergegangen ist als üblich und gemordet hat.«
Schneider nickte ihm anerkennend zu. »Das ist ein sinnvoller Vorschlag. Nehmen Sie Verbindung auf, durchforsten Sie alle Sittendelikte der letzten zwei Jahre. Vielleicht werden Sie fündig.«
In diesem Moment klingelte das Telefon. Die Männer schraken zusammen. Franckh sprang auf und stürzte an den Apparat.
»Franckh, Mordkommission.«
Die anderen lauschten gespannt. Der Inhalt des Telefonates war aus den knappen Bemerkungen, die der junge Beamte machte, nicht zu erkennen.
»Ja, vielen Dank für die Auskunft. Und Sie sind sich hundertprozentig sicher? Ok. Auf Wiederhören.«
Er legte den Hörer auf und drehte sich langsam zu seinen Kollegen um. Alle Augen ruhten auf ihm. Diese ungeteilte Aufmerksamkeit machte ihn verlegen. Unbewusst strich er sich das Sakko glatt und hob den Kopf. »Wir können Herrn Klein von der Liste streichen. Allem Anschein nach saß er zur Tatzeit in einem Flugzeug. Das Flugzeug konnte nicht wie erwartet in Paris landen. Das Wetter war zu schlecht. Deshalb ist die Maschine nach Brüssel ausgewichen und seine Gesprächspartner trafen sich vor Ort. Nach fünf Stunden beendeten sie die Besprechung und er flog nach New York oder Washington weiter. Er musste aus irgendwelchen Gründen umdisponieren, aber er befindet sich momentan an der Ostküste. Dort trifft er sich mit anderen Diplomaten. Er hat ein hieb- und stichfestes Alibi.«

Sein Blick streifte kurz Brückner, blieb dann aber auf Schneider haften.
Dieser räusperte sich. »So weit, so gut. Momentan bleibt nicht viel zu tun. Sie können nach Hause gehen, halten Sie sich aber bitte zur Verfügung. Ich fahre noch einmal zum Tatort.«
Er wusste, dass dort alles inzwischen systematisch durchkämmt worden war. Die Beamten der Bereitschaftspolizei arbeiteten gründlich. Er würde bestimmt keine neuen Hinweise finden. Aber er *musste* einfach noch einmal dorthin. Das war seine Art, Verbrechen zu verarbeiten. Er wollte die Atmosphäre des Hauses spüren, damit er innerlich Abstand gewinnen konnte. Nicht selten hatten ihn Tatorte inspiriert und ihm scheinbar unglaubliche Lösungen gezeigt.

Montag, 7. April, 20.30 Uhr, Tatort

Er parkte das Auto einige Meter vom Haus entfernt. Die klare Frühlingsluft vertrieb die abendliche Müdigkeit, die ihn immer um diese Uhrzeit überfiel. Als er auf das Haus zuging, nahm er einen ungewohnten Duft wahr. Es roch stark nach einem Parfüm. Sofort blieb er stehen und suchte mit seinen Augen den dämmrigen Vorgarten ab.
Alles schien ruhig. Doch er spürte, dass er nicht allein war. Er griff in die Manteltasche seines lindgrünen Trenchcoats, zog eine Taschenlampe hervor und richtete ihren Strahl auf das Dunkel. Hinter einem dicken Baum meinte er, eine Bewegung gesehen zu haben. Er löschte das Licht und spurtete mit Riesenschritten über den Rasen.
»Keine Bewegung, Polizei«, rief er.
Ein unterdrückter Schrei bestätigte die Anwesenheit eines anderen Menschen.
»Bitte nicht schießen«, sagte die Stimme einer Frau. Vorsichtig lugte sie hinter dem Stamm hervor. »Ich bin Reporterin bei der Allgemeinen Zeitung und recherchiere in der Mordsache. Hier ist mein Presseausweis.«

Schneider verdrehte die Augen und stöhnte. Auch das noch. Nicht genug, dass er einen Doppelmord am Hals hatte. Jetzt kam auch noch die Presse ins Spiel. Er hatte gehofft, dass er bis zur morgigen Pressekonferenz von neugierigen Reportern verschont bleiben würde.

»Kommen Sie raus. Ich habe keine Waffe auf Sie gerichtet. Was suchen Sie hier? Das Areal ist abgesperrt und nur für autorisierte Personen zugänglich. Sie haben mehrere Gesetze übertreten, junge Dame«, rügte er sie und warf einen oberflächlichen Blick auf den Ausweis.

Er schätzte die Frau auf Anfang zwanzig. Ihr Gesicht kam ihm nicht bekannt vor. Sie war schlank und trug ihre brünetten Haare entgegen der Mode raspelkurz.

»Ich bin Katharina Neu und erst seit zwei Wochen bei der AZ. Als ich von den Morden erfuhr, dachte ich mir, das sei meine Chance.«

»Weiß ihr Chefredakteur, was Sie treiben, oder handeln Sie auf eigene Faust.«

Ihr schuldbewusster Blick verriet ihm, dass seine letzte Vermutung richtig war.

»Eigentlich habe ich Feierabend. Aber da mein Nachhauseweg hier entlang führt, habe ich mich für eine Stippvisite entschieden. Ich bin erst seit drei Minuten hier. Verhaften Sie mich jetzt?«, fragte sie kokett und streckt ihm herausfordernd beide Handgelenke entgegen.

»Noch nicht, aber wenn ich Sie das nächste Mal erwische, dann müssen Sie mit Konsequenzen rechnen. Und jetzt verlassen Sie bitte das Grundstück.«

Sie folgte seiner Aufforderung und er begleitete sie bis zur Straße, um sicher zu gehen, dass sie wegfuhr.

Dort bestieg sie einen zerbeulten, orangefarbenen R4. Sie verabschiedete sich nicht, blickte auch nicht zurück und fuhr laut ratternd davon. Schneider zuckte die Achseln, seit den späten Sechzigern ließen es die jungen Leute zunehmend an Respekt mangeln.

Schneider ging um das Haus in den rückwärtigen Garten. Er lag im gedämpften Mondlicht und wirkte seltsam verlassen. Schneiders Augen gewöhnten sich rasch an die Dunkelheit und er beschloss seine Taschenlampe auszulassen. So konnte er die nächtliche Stimmung besser einfangen und fühlte sich dem Mörder näher. Er würde sehen, was dieser gesehen hatte.
Ihm fiel die Aussage von Thomas Kayser ein und er suchte den Pavillon, in dem beide beim Liebesspiel von einem fiktiven Unbekannten gestört worden waren.
Er erkannte die Umrisse einzelner Bäume und Sträucher, den Swimmingpool und entdeckte schließlich im hinteren Teil des Gartens die sechseckige Laube. Sie besaß fünf Fenster und eine Rundbogentür, die nur angelehnt war und sich ohne Quietschen öffnen ließ. Unmittelbar nahm er einen leichten Sandelholzgeruch wahr. Es war das Parfum von Katharina Neu. Also hatte sie ihn belogen. Sie war viel länger dagewesen, als sie es zugegeben hatte und sie hatte sich im hinteren Garten aufgehalten. Schneider hoffte inbrünstig, dass sie auf nichts Interessantes gestoßen war. Er ärgerte sich über ihre Dreistigkeit und vermutete, dass sie in Zukunft sicherlich keine Freund werden würden.
Vorsichtig glitten seine Hände über die hölzernen Fensterbänke. Er öffnete die fünf Fenster, fuhr über die Rahmen und schloss sie wieder vorsichtig. Sie waren alle leichtgängig und die Scharniere bereits für die Sommersaison frisch geölt. Oder hatten die jungen Leute sie geölt, um ihr Treiben geheimzuhalten?
Die glatte Oberfläche des mit Mosaiksteinchen besetzten Gartentisches barg ebenfalls kein Geheimnis. Er hob die Sitzkissen der Holzbank und der Stühle an, schüttelte sie, prüfte ihr Inneres mit beiden Händen und legte sie dann einzeln auf den Tisch.
Die Dunkelheit verlieh der Durchsuchung eine neue Sensibilität. Bei Tageslicht verließ er sich mehr auf seine Augen, doch

hier in der fahlen Finsternis dominierten sein Geruchs- und Tastsinn und sein Gehör.
Jetzt tastete er die Unterseite der massiven Stühle ab, sehr vorsichtig, denn er fürchtete auf Unerwartetes zu stoßen. Er begann zu schwitzen, seine Arbeit forderte Kraft und höchste Konzentration. Schließlich drehte er die schwere Bank um und legte sie umgekehrt auf den Boden. Er prüfte die Stempel, die Seitenlehnen und die Holme als seine Finger plötzlich etwas Klebriges ertasteten. Instinktiv zuckte seine Hand zurück. Nun musste er doch die Taschenlampe zu Hilfe nehmen. Als das Licht aufleuchtete, zogen sich seine Pupillen schmerzhaft zusammen. Im ersten Moment konnte er nichts erkennen und wartete bis sich die Adaptation vollzogen hatte. Es dauerte einige Sekunden bis er die feinen, dunkleren Streifen entdeckte. Sie bildeten ein Viereck in DIN A5-Format, so als wäre ein Buch oder ähnliches mit Tesafilm festgeklebt gewesen. Besonders schwer konnte es nicht gewesen sein, sonst hätten die dünnen Streifen das Gewicht nicht halten können. Da die Abdrücke noch klebrig waren, konnte der Gegenstand erst kürzlich entfernt worden sein.
Er fluchte innerlich und stieß in seiner Wut die Bank um. Zwar war der Pavillon durchsucht worden, aber allem Anschein nach nicht gründlich genug. Das musste er morgen klären. Wichtiger war Frau Neu aufzutreiben. Er vermutete, dass sie den Gegenstand entwendet hatte, dessen Herausgabe er erzwingen musste. Er verließ den Pavillon so, wie er ihn angetroffen hatte und begab sich zu seinem PKW.
Gedankenversunken fuhr er die Ritterstrasse entlang. Im Licht der Scheinwerfer zeigten die Bäume, alte Zierkirschen, die ersten rosa Knospen, deren Blütenblätter bald wie pastellfarbener Schnee zu Boden rieseln würden. Seine Frau liebte diese Straße und sie spazierten im Frühjahr oft diesen Weg entlang, um das einmalige Schauspiel zu bewundern. Aus den Augenwinkeln registrierte er, dass ein Mann eines der Nachbargrundstücke in großer Eile verließ. Ein Hund bellte laut und schien den Mann

zu erschrecken. Das seltsame Gebaren veranlasste Schneider, sein Auto abzustellen und dem Mann zu folgen. Dieser ging zügigen Schrittes in Richtung Bushaltestelle.
Er trug einen dunklen Mantel mit hochgeschlagenem Kragen und ausgebeulten Taschen, dunkle Hosen und einen dunklen Hut. Seine Schritte wurden immer schneller, er schaute auf seine Armbanduhr und fiel in leichten Trab. Schneider konnte sich dem Tempo des Mannes nicht anpassen ohne Verdacht zu erregen. Deshalb ging er nur so schnell, dass er ihn nicht aus den Augen verlor. Er schätzte dessen Alter auf dreißig Jahre und prägte sich Statur und Größe ein. In dem Moment, als der Mann die Bushaltestelle erreichte, fuhr ein Bus an. Er löste beim Fahrer ein Busfahrschein und suchte sich einen Sitzplatz. Schneider schlenderte an den beleuchteten Fenster des Busses entlang. Der Mann drehte sich um und blickte Schneider genau in das Gesicht. Das geschulte Auge des Hauptkommissars merkte sich jede Einzelheit und prägte sie sich ein. Morgen würde er einen Polizeizeichner bitten ein Portrait anzufertigen, mit dessen Hilfe er die Nachbarn der Kleins befragen konnte.
Er kehrte zu seinem Auto zurück und fuhr statt nach Hause nochmals ins Präsidium.

Montag, 7. April 21.30 Uhr, Präsidium

Der Beamte an der Pforte öffnete Schneider grüßend die Schranke als dieser in den Innenhof des Dalberger Hofes fuhr. Um diese Uhrzeit war nur der Haupteingang geöffnet. Schneider grüßte den jungen Wachhabenden und wechselte ein paar unverfängliche Worte. Als er den langen, auf Hochglanz gebohnerten Flur entlang lief, gaben die Gummisohlen seiner Schuhe ein schmatzendes Geräusch von sich. Unter einigen Türen sah er matte Lichtschimmer. Er bestieg den niemals stillstehenden Paternoster und fuhr in den zweiten Stock. Als er sein überheiztes Zimmer betrat, schlug ihm der Geruch von altem Papier und Staub entgegen. Sofort öffnete er das Fenster,

obwohl er wusste, dass er diese Duftmischung nie würde vertreiben können.
In seinem Register sucht er die Nummer der AZ. Er hob den schweren Hörer des schwarzen Bakelit-Telefons und drehte die Wählscheibe. Am anderen Ende wurde sofort nach dem ersten Klingeln abgehoben.
»Nachtredaktion der Mainzer Allgemeinen Zeitung, Meier am Apparat.«
»Schneider, Mordkommission. Ist Chefredakteur Claasen noch im Haus?«
»Moment, ich schaue nach.«
Schneider hatte Glück. Er hörte ein Knacken in der Leitung, dann meldete sich der Chefredakteur. »Guten Abend, Herr Schneider, so spät noch im Dienst?«
»Guten Abend, Herr Claasen. Besondere Umstände verlangen eben besondere Dienstzeiten. Ich will Sie gar nicht lange aufhalten. Ist eine Frau Neu bei ihnen beschäftigt?«
»Nein, wir haben hier keine Frau Neu. Wir haben nur zwei weibliche Journalistinnen, Frau Heiden und Frau Klimt. Aber von einer Frau Neu weiß ich nichts.«
»Sie behauptet, seit zwei Wochen für die AZ zu arbeiten.«
»Nein, tut mir leid. Die Dame ist mir unbekannt. Können Sie mir eine Beschreibung geben, vielleicht kenne ich sie ja doch, nur eben nicht als eine unserer Reporterinnen.«
Schneider gab ihm eine kurze Personenbeschreibung. Doch Claasen behauptete die junge Frau nicht zu kennen.
»Wieso suchen Sie sie überhaupt?«
»Sie schuldet mir noch eine Erklärung. Na, dann wünsche ich Ihnen eine Gute Nacht«, wollte sich Schneider verabschieden.
»Da steckt doch sicherlich mehr dahinter. Hängt das mit den Morden zusammen? Raus mit der Sprache.«
»Wir kennen uns doch schon lange genug. Sie wissen doch, dass ich Ihnen nichts mitteilen kann und darf. Gedulden Sie

sich bis zur morgigen Pressekonferenz. Und falls Sie sich doch an die junge Dame erinnern, rufen Sie mich bitte an.«
»Der verschwiegene Hauptkommissar hält sich immer an die Dienstvorschriften«, stichelte Claasen. »Na, dann ebenfalls Gute Nacht.«
Schneider legte den Hörer auf und ärgerte sich über seine eigene Gutgläubigkeit. Diese Frau Neu würde ihm sicherlich noch einige Schwierigkeiten bereiten.

Montag, 7. April, 22.10 Uhr

Müde kam Schneider zu Hause an. Seine Frau war, wie versprochen, noch wach und begrüßte ihn mit einem kurzen Kuss.
»Möchtest du etwas essen? Ich habe noch Bohnensuppe.«
»Ja, gern. Ich schau mal nach den Kindern.«
»Sei aber leise. Sie haben den ganzen Abend auf dich gewartet. Sie sind erst ins Bett gegangen, nachdem sie Grzimek geschaut haben.«
Schneider öffnete vorsichtig die Tür zum Kinderzimmer. Seine Töchter schliefen im Etagenbett, die Große unten, die Kleine oben. Es wurde Zeit, dass jede ihr eigenes Zimmer bekam. In einem halben Jahr konnten sie endlich ihr neues Haus auf dem Land beziehen. Ein Haus in der Stadt konnten sie sich nicht leisten. So hatten er und seine Frau sich entschlossen in einem kleinen Dorf unmittelbar hinter der Stadtgrenze zu bauen.
Er setzte sich an den Esstisch und aß die Suppe. Erst jetzt bemerkte er, wie hungrig er war. Seine Gedanken hatten ihn den ganzen Tag über in Beschlag genommen, dass er keinen Hunger verspürte. Zwischendurch nippte er an einem kühlen Bier. Er spürte die Blicke seiner Frau auf sich ruhen. Jedes Mal war es dasselbe Spiel.
Sie wusste, dass er nichts sagen durfte, versuchte aber immer durch geschicktes Fragen Informationen aus ihm heraus zu

locken, um wenigstens einen kleinen Wissensvorsprung vor dem Rest der Bevölkerung zu haben.
»War es sehr schlimm?«, fragte sie ihn unverfänglich.
Er erzählte ihr, was am nächsten Morgen sowieso in der Zeitung stünde.
»Die Tochter ist schlimm zugerichtet. Alles war voll Blut«, berichtete er kauend.
»Wer sind denn die Toten? Im Radio haben sie nichts Genaues gesagt.«
»Frau und Tochter eines Diplomaten. Die Frau ist Rechtsanwältin gewesen, das Mädchen ging noch zur Schule. Sie ist nur drei Jahre älter als unsere Große.«
»Habt ihr schon eine heiße Spur?«, wollte sie wissen.
»Nein, aber wenn wir eine hätten, dürfte ich dir darüber nichts erzählen. Können wir nicht von etwas Anderem reden? Was gab es bei dir heute Interessantes?«
Sie kannte ihren Mann zu gut, um weiter in ihn zu dringen. Er würde ihr doch nichts mehr erzählen. Bisher hatte sie die Angst, dass Ähnliches ihrer Familie zustoßen könnte, immer erfolgreich verdrängt. Doch mit jedem neuen Tag wurde sie konkreter. Seit er bei der Mordkommission war, hatte sich Unbekümmertheit in argwöhnische Vorsicht gewandelt. Selbst die Kinder waren mittlerweile sensibilisiert.

Dienstag, 8. April, 9.30 Uhr, Präsidium

Die morgendliche Besprechung brachte kaum neue Ergebnisse. Es gab keine Rückmeldungen aus Reinigungen und keine Spur von der Tatwaffe. Die Adresse von Herrn Klein würden sie erst im Lauf des Tages erfahren. Die einzig neue Erkenntnis ergab die Befragung einer Nachbarin. Sie hatte in der Nacht zum Montag gegen 23.30 Uhr einen Schrei gehört, war sich aber nicht sicher gewesen, ob dieser tierischen oder menschlichen Ursprungs gewesen war. Die Beamten wussten es besser. Wahrscheinlich hatte Carola geschrien. Somit lag die Todeszeit einigermaßen fest.

Schneider berichtete von dem verdächtigen Verhalten des Fremden in der Nähe des Klein'schen Anwesens. Die Kollegen erkannten keinen Zusammenhang mit den Mordtaten und auch ihm fiel es schwer zu diesem Zeitpunkt einen Bezug herzustellen. Trotzdem würde er ein Bild anfertigen lassen. In einem Mordfall durfte man keinen Hinweis, sei er auch noch so unbedeutend, außer acht lassen. Es war nie auszuschließen, dass sich im Laufe der Ermittlungen ein Zusammenhang ergab.

Während er dem Zeichner die physiognomischen Merkmale des Fremden beschrieb, verging die Zeit nur schleppend. Immer wieder schaute er auf die Uhr, als könnte er sie anhalten.

Endlich war das Bild erstellt. Er ließ es vervielfältigen und wählte die Nummer von Claasen. Nach dem zweiten Klingeln hob er ab. »Guten Morgen, Herr Claasen, hier ist noch mal Schneider Mordkommission.«

Weiter kam er nicht. Claasen schnaubte wutentbrannt ins Telefon. »Dass Sie sich überhaupt trauen hier anzurufen. Unsere Zeitung bringt lauwarme Meldungen des sensationellsten Mordes in unserer Stadt seit dem Krieg und das DARMSTÄDTER ECHO hat die heißeste Meldung seit der Ermordung Kennedys.«

»Ich weiß überhaupt nicht, wovon Sie reden. Könnten Sie mich mal aufklären.«

»Kann ich nicht und will ich nicht. Kaufen Sie sich die Zeitung, dann verstehen Sie schon. Und mich rufen Sie erst wieder an, wenn Sie den Schaden beheben können.« Wütend knallte der Journalist den Hörer auf die Gabel.

Schneiders Adrenalinspiegel stieg. Was bildete sich dieser Mensch eigentlich ein? Er sprach über den Mordfall so, als sei er eine Sensation, die nur der Unterhaltung der Bevölkerung diente. Das Schicksal der beiden Frauen schien von geringer Bedeutung. Schneider fragte sich, wohin diese Einstellung der Presse in Zukunft führen würde.

Er registrierte seit längerem die Tendenz, dass das Mitleid nicht den Opfern galt, sondern dem Täter. Ständig wurden gesellschaftliche Zwänge, ein kaputtes Familienleben oder mangelnde soziale Akzeptanz für das Fehlverhalten von Tätern als Entschuldigung herangezogen. Sie wurden nicht mehr für ihr Verhalten verantwortlich gemacht, sondern die Gesellschaft, die ihrer Fürsorgepflicht anscheinend nicht mehr nachkam. Er bat einen Kollegen die Darmstädter Zeitung zu besorgen. Dann schickte er Zöller und Franckh mit dem vervielfältigten Phantombild zur Befragung der Nachbarschaft los. Endlich erhielt er die Zeitung und er verstand den Wutausbruch von Claasen. Ein Drittel der Titelseite widmete sich dem Doppelmord.

Doppelmord erschüttert Mainz

von Katharina Neu

Gestern, gegen 13.30 Uhr wurden die grausam verunstalteten Leichen der 17-jährigen Carola K. und ihrer Mutter Therese (45) in ihrem noblen Bungalow im Mainzer Grüngürtel aufgefunden. Der 19-jährige Freund der Tochter machte die schreckliche Entdeckung. Ihn hat das Erlebnis so mitgenommen, dass er sich in ärztliche Behandlung begeben musste.

Die Polizei verfolgt noch keine heiße Spur. Weder die Befragung von Bus- und Taxifahrern, noch die der Nachbarschaft hat Hinweise auf den Täter erbracht. Der Mann und Vater der Ermordeten, Hans-Dieter K., 52, ist nicht aufzufinden und führt die Verdächtigenliste der Polizei an.

Während die Polizei von einer Beziehungstat ausgeht, hat unsere Reporterin Katharina Neu eine sensationelle Entdeckung gemacht, die die Untersuchungen der Mordkommission in eine neue Richtung lenken könnten. Sie hat das Tagebuch des ermordeten Mädchens gefunden. Carola K. war, wie ihr Freund, Thomas K., und viele aus deren Clique, drogenabhängig. Sie hat versucht sich von den Drogen und ihren zweifelhaften Freunden zu distanzieren. Nahm ein Dealer Rache, weil sich zwei junge Menschen aus seinen Klauen befreien

wollten? Oder übte ein Klient der Rechtsanwältin Selbstjustiz, weil ihm angeblich Unrecht geschah?
Wir dürfen gespannt sein, auf welche Überraschungen die Polizei bei ihren Ermittlungen noch stößt und wer aus der besseren Mainzer Gesellschaft darin involviert ist ...

Schneider ließ die Zeitung sinken. Er las den Artikel nicht zu Ende. Der Rest war ihm bekannt, es folgte nun die Tatortbeschreibung, die das Pressebüro als Kurzinformation am gestrigen Abend herausgegeben hatte.
Dieses Weib hatte es tatsächlich fertig gebracht, die Arbeit der Polizei dilettantisch erscheinen zu lassen. Sie erweckte den Eindruck, dass die Mordkommision noch nicht einmal einfachste Routinearbeit beherrschte. Sicherlich kam bald ein Anruf vom Vizepräsidenten oder vom Innenministerium.
Um den angerichteten Schaden zu begrenzen, musste er sofort eine einstweilige Verfügung erwirken, damit keine Details aus dem Tagebuch veröffentlicht wurden. Zwei Kollegen beorderte er nach Darmstadt zur Zeitungsredaktion, um das Tagebuch von Carola als Beweisstück zu konfiszieren.
Er selbst musste diesen Thomas Kayser aufsuchen, um mit ihm Klartext zu reden. Er schnappte sich seinen Mantel und verließ sein Büro. Sein Telefon klingelte, doch er ging nicht mehr zurück. Er wollte sich keine Vorwürfe anhören, sondern erst die Sache bereinigen. Der Sekretärin sagte er, dass er erst gegen Nachmittag zurück sein würde.

Schneider traf den Jungen zu Hause an. Thomas selbst öffnete ihm die Tür. Ein Blick in Schneiders Gesicht verriet ihm, dass er sich keine dummen Äußerungen leisten konnte.
»Guten Morgen, Herr Hauptkommissar«, entgegnete er ihm freundlich. »Kommen Sie doch bitte herein.«
Schneider bellte ihm ein »Guten Morgen« zu und drückte ihm die Zeitung in die Hand. »Haben Sie das schon gelesen?«

Verwundert blickte der Junge auf die Kopfzeile und fragte: »Wie käme ich dazu eine Zeitung aus Darmstadt zu lesen?«
»Tun Sie es.«
Thomas überflog die Zeilen, sein Gesicht verlor zunehmend an Farbe. Er schluckte schwer, seine Hände begannen zu zittern.
»Verdammte Scheiße. Jetzt gibt es Ärger. Ich muss sofort meine Freunde informieren.«
»Genau das werden Sie nicht tun, wenn Sie mit einem blauen Auge davon kommen wollen. Sie sagen mir jetzt, woher Sie die Drogen bekommen haben.«
»Kommen Sie, wir setzen uns in mein Zimmer, da sind wir ungestört.«
»Nur, wenn Sie diese schauderhaften Räucherstäbchen auslassen.«
Schneider spürte, wie Thomas sich innerlich verschloss. Doch jetzt nahm er keine Rücksicht mehr auf den Gemütszustand des jungen Mannes.
»Also, was haben Sie mir zu sagen?«
»Ich habe überhaupt kein Interesse Ihnen irgendetwas über meine Angelegenheiten zu erzählen. Ich finde, dass das Ganze nur mich etwas angeht«, erwiderte er bockig.
»Da täuschen Sie sich aber ganz gewaltig. Es ist schon längst nicht mehr ihre Privatsache. Wenn Herr Klein das erfährt, erstattet er vielleicht Anzeige gegen Sie. Er ist bestimmt der Ansicht, dass Sie seine Tochter zum Drogenkonsum verführt haben.«
»So ein Quatsch«, empörte er sich. »Carola hat schon gekifft bevor ich sie kennengelernt habe. Die hatte die Kontakte schon längst über ihre *feinen* Freunde.«
»Das muss sich erst noch herausstellen. Haben Sie Zeugen, die Sie entlasten können?«
»Nein, habe ich nicht und brauche ich auch nicht. Das steht bestimmt alles in ihrem Tagebuch.«

»Ich an Ihrer Stelle würde mich nicht darauf verlassen. Und was tun Sie, wenn keiner von Ihren Freunden Ihre Version unterstützt? Dann stehen Sie allein auf weiter Flur.«
»Ich werde aber den Bullen nicht helfen. Die können mich alle mal.«, versetzte er aufgebracht.
»Jetzt reicht es aber. Ich lasse mich nicht an der Nase herumführen, schon gar nicht von einem unreifen Bürschchen wie Ihnen. Wenn Sie nicht kooperieren, kann ich Sie vorladen lassen. Das hätte viel unangenehmere Folgen als Sie es jetzt abschätzen können. Dann wüsste jeder Ihrer Freunde, dass Sie ein ›Bullenkollaborateur‹ wären. Das schadet Ihrem Image mehr, als wenn Sie sich mir jetzt anvertrauen. Außerdem erfahren wir sicherlich noch eine ganze Menge mehr aus Carolas Tagebuch. Ob das für Sie von Vorteil ist, muss sich erst zeigen. Kann es sein, dass diese Frau Neu mit ihrer Behauptung, dass ein Dealer ein Exempel statuieren wollte, Recht hat?«, schnauzte ihn Schneider an.
»Nein, das ist an den Haaren herbeigezogen. Carola hätte keinen Ärger bekommen, wenn sie ausgestiegen wäre. So eine wichtige Kundin war sie auch wieder nicht. Sie brauchen mich gar nicht unter Druck setzen, so leicht kriegen Sie mich nicht klein. Ich sage nichts mehr.«
»Ich kann Sie für vierundzwanzig Stunden in Untersuchungshaft nehmen lassen. Allein der Verdacht, dass Sie mit Drogen zu tun haben, reicht da schon aus. Die Staatsanwaltschaft ist nach den jüngsten Ereignissen sicherlich sensibilisiert und wird ganz bestimmt hart vorgehen. Wenn wir Ihnen das Dealen nachweisen können, haben Sie schlechte Karten. Dann werden Sie verurteilt und bekommen zur Abschreckung eine hohe Haftstrafe«, ängstigte der Polizist den jungen Mann.
»Sie bluffen doch nur. Sie sind bloß Polizist und kein Richter.«
»Stimmt, aber ich habe einen guten Draht zur Justiz!«
Thomas überlegte. Er wollte zwar nicht mit den Bullen zusammen arbeiten, aber er war nicht dumm. Seine Eltern würden

sowieso erfahren, was er mit seinem großzügig bemessenen Taschengeld angefangen hatte. Seine Freunde und er würden sich vor Gericht verantworten müssen und am Ende hängten ihm die Scheißbullen auch noch einen Mord an.
Bisher war er immer den Weg des geringsten Widerstandes gegangen und hatte auch nicht vor, in Zukunft für Ideale zu kämpfen. Das sollten andere tun. Das Einzige, was ihm wichtig erschien, war ein unbeschwertes, sorgenfreies Leben zu führen. Schließlich siegte sein Hang zur Bequemlichkeit. Um endlich in Ruhe gelassen zu werden, gab er dem Hautkommissar die gewünschten Informationen.
Schneider erfuhr, dass die Drogen bei Rockkonzerten durch einzelne Bandmitglieder verteilt wurden. Thomas selbst wusste zwar, dass es im Rhein-Main-Gebiet ein Großlabor, das LSD produzierte gab, kannte aber die Adresse nicht. Außerdem nannte er einige Diskos und Szenetreffs, in denen man Hasch und LSD beziehen konnte.
Schneider überraschte das Ausmaß. Zwar war im Rauschgiftdezernat seit längerem bekannt, dass vermehrt Drogen kursierten, über deren Menge aber wurde nur spekuliert. Man wähnte sich in Mainz noch immer in der Provinz, wo nur in wenigen Ausnahmefällen Drogen konsumiert wurden. Rauschgiftsüchtige erschienen eher als vereinzelte Paradiesvögel, die bevorzugt in Frankfurt hausten und die man am besten ignorierte. Dementsprechend wenige Beamte umfasste das Dezernat. Das würde sich ab heute bestimmt ändern. Dessen war sich der Hauptkommissar sicher.
»Sie müssen mit ihren Eltern darüber reden. Es ist besser sie erfahren es von Ihnen als aus der Zeitung. Morgen wird das in der AZ zu lesen sein. Wenn ihr Name im Zusammenhang mit Drogen im Tagebuch von Carola fällt, müssen Sie mit Strafanzeige rechnen. Besorgen Sie sich einen Anwalt.«
Thomas nickte. »Sie haben wahrscheinlich recht. Ich rede mit meinen Eltern. Vielleicht kann ich so die negativen Konsequenzen wenigstens etwas eindämmen.«

Schneider stimmte ihm zu. »Lassen Sie sich helfen!«
Etwas weniger Geld würde dem Jungen sicher nicht schaden.
»Wenn Ihnen noch etwas einfällt, rufen Sie mich an. Alles ist in diesem Zusammenhang wichtig.«

Dienstag, 8. April, 11.30 Uhr, Präsidium
Schneider informierte direkt das Drogendezernat. Sofort kam der Ermittlungsapparat in Gang. Es wurden Genehmigungen für Razzien zur Durchsuchung der von Thomas genannten Lokale beantragt. Binnen einer Stunde lagen die Bestätigungen vor. Eine Hundertschaft der Bereitschaftspolizei und mehrere Beamte des Rauschgiftdezernates wurden in einer Besprechung ausführlich informiert. Plötzlich wimmelte es in der Stadt von uniformierten Polizisten.
Mittlerweile hatten die Mainzer Schulen Unterrichtsende und die älteren Schüler trafen sich ahnungslos in den »In-Lokalen«. Die Beamten durchsuchten die Treffs systematisch und wurden in mehreren fündig. Eine Vielzahl von Verhaftungen wegen illegalen Rauschgiftbesitzes wurden an diesem Tag vorgenommen. Die Kartei des Drogendezernates wuchs rasant.
Diejenigen, die unter der gesetzliche Altersgrenze waren, wurden von Polizisten verwarnt, nach Hause begleitet und deren Eltern aufgeklärt. Viele waren von dem Treiben ihrer Sprösslinge völlig überrascht.
An diesem Tag ging ein Aufschrei durch die Mainzer Hautevolee und die Polizei verscherzte sich einige Sympathien. Man warf ihr »mangelnde Diskretion« vor. Unter den Verhafteten befanden sich Söhne und Töchter hochgestellter Persönlichkeiten, von Hochschulprofessoren über Direktoren und Stadtratabgeordneten, Staatssekretären bis hin zu Ministern. Die Scham war groß.
Die Mainzer Schulen wurden umgehend informiert, das Rauschgiftdezernat am selben Tag um zehn Mann aufgestockt.

Das Mainzer Polizeipräsidium trat in Kontakt mit den entsprechenden Stellen in Wiesbaden, Frankfurt, Darmstadt und Rüsselsheim. Im ganzen Rhein-Main-Gebiet galt erhöhte Alarmbereitschaft. Länderübergreifende Sonderkommissionen wurden eingerichtet, deren Ziel die Zerschlagung der organisierten Rauschgiftkriminalität war. An den folgenden Wochenenden, bis in den Spätsommer hinein, wurden regelmäßig Diskotheken, Jugendlokale und Spielsalons überprüft. Die Mainzer Drogenszene kam fast vollständig zum Erliegen. Mehrere Dealer flohen über Griechenland und die Türkei bis nach Indien, um erst einige Jahre später, wenn Gras über die Sache gewachsen war, zurückzukehren.

Dienstag, 8. April, 15.00 Uhr, Zahlbach
Schneider widmete unterdessen seine Aufmerksamkeit uneingeschränkt dem Doppelmord. Er suchte die Haushaltshilfe der Familie Klein auf. Da Frau Rapp morgens putzte, hatte er sich für den Nachmittag mit ihr verabredet.
Sie wohnte in einem Hochhaus in freundlicher Umgebung. Ihre Wohnung war sauber und adrett. Sie bat Schneider in das Esszimmer und fragte ihn, ob er einen Kaffee möchte. Er lehnte nicht ab und sie verschwand in die Küche. Kurze Zeit später betrat sie mit einem Tablett, auf dem sich braunes Kaffeegeschirr, eine blumenverzierte Warmhaltekanne sowie ein Marmorkuchen befanden, den Raum. Sie schenkte ihm ein, stellte ein Stück Kuchen vor ihn und fragte ihn ob er einen Eierlikör wollte. Schneider lehnte mit der Begründung, dass er im Dienst keinen Alkohol trinken durfte, dankend ab. Er verabscheute Eierlikör.
Endlich konnte er mit der Befragung beginnen. »Sie haben am Montag bei der Familie Klein wie üblich sauber gemacht?«
»Ja. Ich komme immer montags und donnerstags. Allerdings bin ich diesen Montag früher gegangen, so kurz vor 11.00 Uhr. Das hatte ich mit Frau Klein abgesprochen. Ich musste zum Zahnarzt und wollte am Donnerstag dafür länger bleiben.«

»Welche Räume haben Sie sauber gemacht?«, fragte Schneider kauend. Der Kuchen schmeckte ausgezeichnet.
»Montags putze ich das Wohnzimmer, das Bad der Tochter und das der Eltern, die Küche, das Arbeitszimmer von Herrn Klein und die Treppe. Donnerstags kommen beide Ankleidezimmer, die Bäder, die Küche, die Diele, die Treppe und das Wohnzimmer dran«, entgegnete sie ihm ohne Argwohn.
»Ist Ihnen etwas aufgefallen, was anders war als sonst? Denken Sie in Ruhe nach.«
Frau Rapp überlegte kurz. »Ja, die Terrassentür im Wohnzimmer war nur zugezogen. Sie war nicht verriegelt. Das hat mich erstaunt. Frau Klein war nämlich sehr vorsichtig. Ich hätte ihr solchen Leichtsinn nicht zugetraut, vor allem wenn ihr Mann außer Haus ist. Außerdem war im Waschbecken von Carolas Bad etwas Blut. Ich dachte, sie hätte Nasenbluten gehabt. Das kam bei ihr öfter vor. Und auf der Wendeltreppe waren bräunliche, verwischte Spuren. Ich habe aber alles sauber gemacht.«
»Leider«, seufzte Schneider. »Dadurch sind uns wichtige Spuren verloren gegangen.«
Frau Rapp blickte ihn irritiert an. »Putzen ist mein Beruf. Damit verdiene ich mein Geld.«
»Bitte nehmen Sie das nicht persönlich. Sie haben zu unserem Leidwesen sehr sauber geputzt. Wären Sie nicht so ordentlich gewesen, hätten wir mehr Hinweise auf den Täter gehabt. Haben Sie sich nicht gewundert, dass niemand im Haus war?«
»Nein, habe ich nicht. Carola verließ in der Regel gegen 7.20 Uhr das Haus, Herrn Klein habe ich oft angetroffen, aber er ist momentan im Ausland und Frau Klein war manchmal schon um 8.00 Uhr in ihrer Praxis. Mir erschien gestern alles wie immer.«
»Warum haben Sie das Schlafzimmer und das Zimmer von Carola nicht betreten?«
»Das wollten Frau Klein und Carola nicht. Sie haben diese Zimmer immer selbst sauber gemacht. Ich verstehe zwar nicht

warum, aber das waren ihre Angelegenheiten. Ich bin niemand, der in den Sachen anderer herumschnüffelt. Außerdem gibt es bei den Kleins bestimmt nichts Ungewöhnliches zu entdecken. Sie sind, vielmehr waren, eine völlig normale Familie. Sie sind sicher von vielen um ihr perfektes Familienleben beneidet worden. Herr Klein hat Frau und Tochter auf Händen getragen. Frau Klein hat ihren Mann angebetet und sich glänzend mit ihrer Tochter verstanden. Ich habe sie praktisch nie streiten hören. Allerdings schien mir Frau Klein seit kurzem ängstlicher als gewöhnlich und Carola war plötzlich launisch. Ich habe das ihrem Alter zugeschrieben.«

»Was meinen Sie damit, dass Frau Klein ängstlich war?«, wollte der Hauptkommissar wissen.

»In letzter Zeit schien sich ihre Vorsicht in Angst zu steigern. Erst vor kurzem, als wir die Terrassenmöbel gesäubert und einige Frühjahrsblumen gepflanzt haben, fragte sie mich, ob mir im Garten etwas aufgefallen wäre? Aber mir kam nichts verdächtig vor, denn ich bin in der Regel mehr im Haus als außerhalb. Mir fiel aber auf, dass sie sorgfältig alle Türen hinter sich verschloss und sie hat mir eingeschärft, das ebenfalls zu tun. Deshalb war ich heute morgen über die beigezogene Terrassentür erstaunt und habe sie zugemacht.«

Schneider hatte ihr intensiv zugehört. Wahrscheinlich hatte sie die Tür nicht nur verschlossen, sondern den Griff auch gleich abgewischt, so dass keine Abdrücke mehr zu finden waren.

»Tragen sie beim Saubermachen eigentlich Handschuhe?«

»Natürlich, sonst könnte ich meine Hände nicht mehr betrachten.«

Erst jetzt fiel Schneider auf, wie gepflegt ihre Hände waren.

»Könnten Sie mit mir zum Tatort fahren und nachschauen, ob etwas verändert ist oder etwas fehlt.«

Sie nickte eifrig. »Sicher. Das tu ich gern. Ich helfe Ihnen, wo ich kann.«

Frau Rapp schaute sich in aller Ruhe um. Nur die Zimmer, in denen die Morde verübt worden waren, betrat sie nicht. Sie zeigte Schneider welche Tür nicht geschlossen war, inspizierte den Inhalt der Schränke in Küche und Wohnzimmer. Im Arbeitszimmer schaute sie nach, ob alles an seinem Platz stand. Nichts schien zu fehlen.
»Soweit ich das sehe, ist alles noch da. Aber da fragen Sie am besten Herrn Klein.«
»Leider wissen wir nicht, wo er sich momentan aufhält. Er sollte in Paris zwischenlanden, ist dort aber nicht eingetroffen. Er musste den Weg über Brüssel nehmen und ist jetzt wahrscheinlich in New York.«
»Dann weiß er noch gar nichts vom Tod seiner Frau und Tochter?«
Schneider schüttelte den Kopf.
»Können Sie mir das Putzzeug geben? Wir wollen es im Labor untersucht lassen«, bat er sie, obwohl er überzeugt war, dass das Labor nichts finden würde.
Er brachte sie nach Hause und bedankte sich für ihre Hilfe.
»Wir werden Sie sicherlich noch einmal befragen müssen. Wenn Ihnen etwas einfällt, so unbedeutend es auch sein mag, melden Sie sich bitte bei uns.«

Dienstag, 8. April, 16.30 Uhr, Präsidium
Die Sekretärin der Mordkommission empfing Schneider aufgeregt. Der Vizepräsident hatte bereits zum fünften Mal nach ihm gefragt. Außerdem war ein Anruf aus dem Innenministerium eingegangen. Er sollte sich bei seiner Rückkehr unverzüglich melden.
Schneider beruhigte sie und versprach ihr, sobald wie möglich zurückzurufen, bis dahin sollte sie aber den »Vize« wie auch das Ministerium vertrösten.
»Ist das Tagebuch inzwischen eingetroffen?«
»Ja das liegt auf Ihrem Schreibtisch und der Aufenthaltsort von Herrn Klein ist mittlerweile bekannt.«

»Das sind endlich einmal positive Nachrichten. Informieren Sie die Kollegen, dass um 17.30 Uhr eine Besprechung stattfindet.«

Wie immer hing derselbe muffige Geruch in seinem Zimmer. Mechanisch öffnete er das Fenster, schob seinen Schreibtischstuhl davor und nahm das Tagebuch zur Hand.
Es war ungefähr so groß wie ein DIN A5-Heft, überwiegend in Orangetönen gehalten, Schmetterlinge flatterten quer über den Einband und das Mädchen hatte das Peace-Zeichen darauf gemalt. Es sah so harmlos, so unschuldig aus. Schneider zögerte, es zu öffnen. Welche unerfreulichen Mitteilungen würde es enthalten? Er überwand die Skrupel, die er immer empfand, wenn er persönliche Dinge von Mordopfern durchforsten musste.
Die Eintragungen begannen am 1. Januar 1973. Die Schrift Carolas war zierlich und gestochen scharf.

1. Januar 1973
Ein neues Jahr hat begonnen! Und es hat wundervoll angefangen. Susanne, Marisa, Andrea und ich waren auf einer Silvesterparty bei Matthias eingeladen. Dort habe ich den Mann meines Lebens getroffen. Wir haben uns angeschaut und beide dasselbe empfunden: Liebe auf den ersten Blick.
Er heißt Jürgen und studiert Maschinenbau. Sein Studium muss er sich selbst finanzieren, seine Eltern können ihn nicht finanziell unterstützen. Er ist bereits 25 und so unglaublich erfahren.
Wir haben den ganzen Abend getanzt und geredet. Ich bin beeindruckt, was er alles weiß. Seine Sicht der politischen Dinge erweitert meinen Horizont ungemein. Wir diskutierten so angeregt, dass wir beinah den Jahreswechsel verpasst hätten.
Unter der Woche ist er an der TH in Darmstadt, aber am nächsten Wochenende wollen wir uns wiedersehen.
Ich bin zum ersten Mal richtig verliebt und unendlich glücklich.

Schneider seufzte. Aus diesen Zeilen sprach die Unbeschwertheit der ersten Liebe. Das Mädchen war jetzt nicht länger ein toter, entstellter Körper. Nun bekam es Leben, Gefühle und eine Seele. Die Distanz zu dem Opfer verringerte sich und Schneider wusste, dass er dieser Empfindung keinen Raum lassen durfte. Bei einem Fall, vor allem bei einem solch grausamen Kapitalverbrechen, mussten Gefühle außen vor bleiben. Nichts war hinderlicher als Emotionen, die die objektive Betrachtungsweise eines Verbrechens beeinträchtigen konnten. Ihm persönlich war es am liebsten, so wenig wie möglich über die Opfer zu wissen. Dann wurde er bei der Suche nach dem Täter von reinen Fakten geleitet.
Die nächsten Zeilen überflog er, denn sie enthielten nichts, was für den Mord an Carola von Bedeutung sein könnte.
Sie schilderte *ihren* Jürgen in den schillerndsten Farben, verzieh ihm seine schlechten Launen und seine fehlenden Manieren. Liebe macht eben blind. Sie durchlebte neun Monate lang alle Höhen und Tiefen einer Beziehung, die nur von einer Seite getragen wird.
Schneider hatte schnell durchschaut, dass dieser Jürgen ein bornierter Narziss war, der aus der Bewunderung naiver, junger Mädchen seine Daseinsberechtigung bezog. Anscheinend drängte es ihn nicht danach, sein Studium abzuschließen, denn er schob seine Examensprüfung immer wieder vor sich her. Schneider spekulierte, dass er wahrscheinlich ein langweiliger Liebhaber war, der beim Sex eher an seine Befriedigung dachte, als an die seiner Partnerin.
Außerdem war er überzeugter Kommunist und predigte die Unmoral des Kapitals, was ihn allerdings nicht daran hinderte, sich von einer zehn Jahre älteren Frau aushalten zu lassen.
Carola hatte zum Glück rechtzeitig von ihrer Konkurrentin erfahren und einen Schlussstrich gezogen, noch bevor sie diesem Typ ihre Unschuld opferte. Sie hatte sich dem Trend der Zeit, in dem junge Mädchen unter ihres Gleichen nur dann gesellschaftsfähig waren, wenn sie möglichst früh, möglichst

oft und mit möglichst vielen Partnern Sex hatten, entgegengestellt. Sie hatte dem Druck ihrer Freundinnen widerstanden und sich dennoch in deren Mitte behauptet. Schneider zollte ihr für diese Haltung Respekt.
Endlich gelangte er an eine Stelle, die für die Ermittlungen wichtig sein konnte.

27. September, 1973
Ich habe mit Jürgen Schluss gemacht, nachdem ich ihn mit seiner mütterlichen Freundin getroffen habe. Was bin ich froh, standhaft geblieben zu sein. Ich hätte es mir nie verziehen, mit diesem Ekel ins Bett gegangen zu sein. Heute Abend gehe ich mit meinen Freundinnen auf ein Konzert in den Eltzer Hof. Dort spielt eine Hard-Rock-Band und ich kann beim Tanzen meine Wut herauslassen.

28. September, 1973
Gestern Abend hatte ich sehr viel Spaß. Marisa kannte den Lead-Sänger der Band und wir durften hinter die Bühne. Die Jungs haben sich mit Marihuana in Schwung gebracht und haben uns am Joint ziehen lassen. Es war ein phantastisches Gefühl. Ich schwebte auf Wolke sieben, fühlte mich leicht und frei und konnte über den Verräter Jürgen nur noch lachen. So würde ich mich gern öfter fühlen. Heute ist mein Geburtstag, endlich bin ich 16!

3. Oktober, 1973
Endlich haben wir Herbstferien. Morgen darf ich mit Marisa in das Wochenendhaus im Hunsrück fahren. Ihr Vater ist Jäger und hat dort seine Pacht. Wir nehmen noch Andrea mit. Es lebe die Freiheit!

4. Oktober, 1973
Wir amüsieren uns prächtig. Marisa hat von ihrem Sänger-Freund etwas Hasch bekommen und wir haben jede schon zwei Joints geraucht. Es ist ein unglaubliches Gefühl des Glücks. Die Beiden haben mir gestanden, dass sie auch noch Jungfrauen sind. Ich bin also nicht allein und kein Anachronismus. Wir haben gelacht und Quatsch gemacht und plötzlich lagen wir alle drei nackt auf dem Kuhfell vor

dem Kamin. Wir haben unsere Brüste und unsere Hintern gestreichelt. Ich wusste gar nicht, wie schön diese Berührungen sein können. Mir wurde richtig heiß und ich weiß gar nicht mehr, was wir sonst noch alles gemacht haben. Ich war ziemlich abgehoben. Ich weiß nur eins, ich will mehr!!

5. Oktober, 1973
Heute haben wir wieder gekifft und wieder sind wir auf dem Kuhfell gelandet. Allmählich verliere ich meine Hemmungen. Heute sind wir weitergegangen als gestern. Ich hatte einen Orgasmus! Zumindest denke ich, dass ich einen hatte. Auf alle Fälle habe ich vor Geilheit laut geschrien. Andrea wollte dann auch einen bekommen, aber sie war zu verkrampft und hatte schließlich keine Lust mehr. Aber morgen ist auch noch ein Tag.

6. Oktober, 1973
Wir haben uns heute morgen gar nicht erst angezogen, sondern haben uns gleich mit dem Wesentlichen beschäftigt. Bei Andrea hat es immer noch nicht geklappt, aber dafür bei Marisa. Abends bin ich dann zu ihr ins Bett geschlüpft und wir haben es noch mal gemacht. Andrea ist genervt, weil wir zwei nur noch aufeinander hängen. Sie ist froh, wenn wir morgen nach Hause fahren. Ich hoffe, wir haben dann noch Zeit für uns.

20. Oktober, 1973
Heute haben wir drei uns bei Marisa getroffen und gemeinsam gekifft. Ich wollte mich ihr nähern, doch sie hat keine Lust mehr mit mir zu schlafen. Sie hat jetzt einen Freund und ist verrückt nach ihm. Sie faselt ständig etwas von Treue. Nachdem ihre sexuelle Begierde erwacht ist, will sie unbedingt aufs Ganze gehen und wissen, wie es mit einem Mann ist. Sie ist so verliebt, dass sie unvorsichtig wird. Hoffentlich passiert ihr nichts.
Andrea behauptet, dass es ihr mit einer Frau keinen Spaß macht, sie wartet lieber auf den Richtigen. Woher weiß sie, wer der Richtige ist?

11. November, 1973
Marisa ist keine Jungfrau mehr. Sie sagt, es sei ein Erlebnis der dritten Art.

13. November, 1973
Andrea hat nun auch einen Kerl. Wir waren gestern zu fünft auf einer Party. Ich fühlte mich wie das dritte Rad am Wagen. Erst hab ich mich gelangweilt, doch dann haben wir geraucht und schließlich hat mir jemand etwas Stärkeres gegeben. Hinterher habe ich erfahren, dass es LSD war. Der Trip war anfangs ganz toll. Alles war voll bunter Farben und ich hatte das Gefühl nicht mehr auf der Erde zu stehen, sondern im Universum zu schweben. Aber plötzlich wurde mir übel und ich konnte nicht mehr zurück. Andrea erzählte mir heute morgen, dass sie Angst hatten, ich bliebe im Nirwana.
Mein Trip hat viel länger gedauert als bei den anderen, aber ich bin noch mal glimpflich davon gekommen. Selbst heute habe ich Kopfweh und das Gefühl erbrechen zu müssen.
Freiwillig werde ich das Zeug nicht mehr nehmen.

Schneider wurde durch ein Klopfen an der Tür aus seiner Lektüre gerissen. Die Sekretärin, Frau Zimmer, erinnerte ihn an die Besprechung. Bestürzt schaute er auf seine Uhr und stellte fest, dass er bereits fünf Minuten Verspätung hatte. Er schloss das Tagebuch in seinen Schreibtisch ein und lief mit großen Schritten über den linoleumbelegten Flur.
Er verdrängte die Eintragungen aus dem Tagebuch und konzentrierte sich auf die bevorstehende Besprechung. Als er die Tür öffnete, diskutierten die Beamten angeregt. Die Beklemmung des vergangenen Tages war von ihnen abgefallen und sie besprachen die neu gewonnen Fakten. Schneider setzte sich und wartete bis sich alle beruhigt hatten.
Brückner begrüßte ihn mit der Bemerkung, dass sie Herrn Klein ausfindig gemacht hatten. »Wir haben ihn allerdings telefonisch noch nicht erreicht.«

Schneider registrierte die Genugtuung, die aus dessen Stimme sprach und konterte: »Vielleicht wäre es sinnvoll, Herrn Klein nicht vorab zu informieren. Wenn er tatsächlich der Täter sein sollte, ist es besser seine erste Reaktion von Angesicht zu Angesicht zu erfassen. Wir könnten versuchen, dass zwei Beamte ihn in New York aufsuchen und ihn dort verhören. Möglicherweise lässt sich der Vize überzeugen. Ich weiß, dass so etwas üblicherweise vom Ermittlungsdienst und nicht vom Erkennungsdienst getan wird. Da Sie aber von seiner Täterschaft so überzeugt sind, scheinen Sie mir der richtige Mann dafür sein.«

Brückner verschlug es die Sprache, Schneider hatte ihn geschickt ausgebootet und jeder im Raum wusste es. Er versuchte sich aus dieser Lage zu manövrieren.

»Ich glaube nicht, dass der Etat des Präsidiums solche Reisen gestattet.«

Schneider bot ihm keinen Ausweg: »Ich werde mich persönlich dafür einsetzen. Das Innenministerium ist an einer schnellen Aufklärung interessiert und wird die Ermittlung in dieser Richtung bestimmt unterstützen.«

Brückner war klar, dass er im Hintertreffen war und Schneider sich auf diese Weise freie Bahn verschafft hatte. Das nächste Mal würde er seinen Mund halten, zumindest bei den Besprechungen.

Schneider wechselte das Thema und berichtete von der Pressemitteilung, von den Drogenrazzien und den Festnahmen und über das Tagebuch von Carola.

»Ich habe noch nicht viel lesen können, aber so wie es aussieht, hat sie Marihuana und Hasch geraucht und zumindest einmal Erfahrung mit LSD gehabt. Außerdem gab es sexuelle Kontakte mit ihren Freundinnen.«

Zöllers Augen blitzten lüstern auf. »Sie meinen, sie war lesbisch?«

»Soweit möchte ich nicht gehen. Immerhin hatte sie einen festen Freund. Aber ihre ersten Erfahrungen waren lesbischer Art.«
Brückner schaltete sich ein. »Ist ja auch nicht verwunderlich, wenn man auf einer reinen Mädchenschule ist.«
Schmidt warf ihm einen vorwurfsvollen Blick zu, den Schneider amüsiert registrierte.
»Meine beiden Töchter sind ebenfalls auf dieser Schule. Ich hoffe nicht, dass das symptomatisch für dieses Gymnasium ist.«
Brückner lief feuerrot an und entschuldigte sich stammelnd.
»Sie brauchen sich nicht zu entschuldigen. Viele Männer denken wahrscheinlich so. Was nicht gerade für uns spricht. Wir sollten Frauen nicht unsere männlichen Fantasien unterstellen.«
Werner wechselte schnell das Thema. »Die Befragung der bei der Razzia Festgenommenen hat einige interessante Anhaltspunkte gegeben. Zwei von ihnen haben zugegeben, im LSD-Rausch in eine Leichenhalle im Landkreis eingebrochen zu sein.«
Schmidt fragte ihn »Was wollten die denn dort?«
Werner blickte verlegen unter sich. »Die Beiden scheinen nekrophile Neigungen zu haben. Was sie zu Protokoll gegeben haben, grenzt an Perversion. Wer es genauer wissen möchte, kann die Akte einsehen. Die Beamten vom Rauschgiftdezernat wollen wissen, ob wir in dieser Richtung ermitteln werden.«
Die Männer schauten ungläubig. Franckh brach das Schweigen.
»Sind denn die Jugendlichen heutzutage übergeschnappt? Haben die nichts Besseres zu tun, als sich voll zu kiffen, rum zu huren und Leichen zu fleddern? Was kommt als nächstes?«
Die älteren Kollegen waren über den Ausbruch des jungen Beamten überrascht. Sie verstanden die junge Generation nur schwer, aber dass Franckh so wenig Verständnis zeigte, er-

staunte sie sehr. Er stand diesen jungen Menschen vom Alter her am nächsten. Franckh blickte zu Boden.
Schneider lenkte ab. »Hat sich eine Reinigung gemeldet?«
Die ermittelnden Beamten schüttelten den Kopf. Es gab auch immer noch keine Hinweise von Bus- und Taxifahrern. Diese Spur verlief sich.
»Was ist mit der Nachbarschaft oder mit der Tatwaffe? Gibt es hier wenigstens etwas Neues?«
Aber auch das mussten die Männer verneinen.
»Ich habe ein Phantombild von dem Mann, den ich gestern Abend beobachtet habe, anfertigen lassen. Morgen werden die Kollegen Schmidt und Franckh mit dieser Zeichnung die Nachbarn nochmals befragen. Gibt es eigentlich einen ausführlichen gerichtsmedizinischen Befund?«
»Mendel hat sich noch nicht gemeldet. Das dauert bestimmt noch ein bis zwei Tage«, entgegnete ihm Schmidt.
»Gut. Fällt sonst jemandem noch etwas ein?« Schneider seufzte schwer. »Wer war übrigens für die Durchsuchung des Pavillons zuständig?«
Im Raum herrschte durchdringendes Schweigen.
»Mir ist klar, dass hier keiner den anderen anschwärzen will. Aber ich kann es nicht zulassen, dass das 1. Kommissariat aufgrund solcher Geschehnisse in der Öffentlichkeit inkompetent erscheint. In Zukunft darf sich so etwas nicht wiederholen, sonst wird uns der Fall entzogen und ich denke nicht, dass einer von Euch das möchte. Ich werde mich jetzt mit dem Vizepräsidenten wegen dieser leidigen Presseangelegenheit auseinandersetzen müssen.«

Im Stillen hoffte Schneider, dass der Vizepräsident bereits nach Hause gegangen war. Normalerweise war er um diese Zeit längst nicht mehr an seinem Arbeitsplatz, sondern bei seiner Familie oder in seinem Schrebergarten. Doch heute wartete er, schäumend vor Wut, auf den ungehorsamen Hauptkommissar.

Schneider spürte seit längerem dessen Antipathie und wusste auch warum. Er war einfach nicht bereit Wiese als Führungspersönlichkeit zu akzeptieren und gab sich auch keine Mühe, das zu verbergen. Aber er hielt sich an gesellschaftliche Regeln, war immer korrekt, wurde nie laut oder ausfallend und schien nach außen hin die berufliche Autorität seines Vorgesetzten zu respektieren. Er war immer ausnehmend freundlich und zuvorkommend. Aber gerade diese Freundlichkeit, die an Sarkasmus grenzte, brachte den Vizepräsidenten auf die Palme. Heute verspürte Wiese den Drang, Schneider seine Überlegenheit als Vorgesetzter spüren zu lassen.
Schneider klopfte an und betrat den Raum, ohne das »Herein« abzuwarten. Wiese registrierte den offenen Affront und bekam vor Zorn einen fleckig roten Hals. Schneider ließ sich nicht irritieren und setzte sofort zu einer Entschuldigung an, um ihm den Wind aus den Segeln zu nehmen.
»Guten Abend, Herr Wiese. Es tut mit leid, dass ich Sie nicht früher aufsuchen konnte, aber nach dem das mit dem Tagebuch bekannt wurde, musste ich sofort handeln. Mittlerweile ist es in unserem Besitz. Die Zeitung wird keine weiteren Details veröffentlichen, sonst muss sie mit rechtlichen Schritten rechnen. Unser Justitiar hat eine entsprechende Verfügung erwirkt. Außerdem kennen wir den genauen Aufenthaltsort von Herrn Klein. Vielleicht haben Sie auch schon vom Erfolg des Rauschgiftkommissariates und den Festnahmen gehört?«
Wiese bekam wieder keine Möglichkeit seinem Zorn freien Lauf zu lassen. Er bemerkte einen pochenden Schmerz in seinen Schläfen, wusste, dass sein Blutdruck wieder in schwindelerregende Höhen geschossen war und fürchtete eine aufkommende Migräne. Daran war nur dieser kleine Kommissar schuld.
Er bezwang seinen Unmut und entgegnete ihm. »Ja, ich habe davon gehört und ich weiß es zu schätzen, dass Sie den angerichteten Schaden begrenzt haben. Das Innenministerium hat

heute morgen Sturm geläutet und verlangte Aufklärung. Wer hat das übrigens verbockt?«
»Ich habe das schon geklärt.«
»So etwas darf nicht wieder vorkommen, sonst werde ich personelle Konsequenzen ziehen müssen.«
»Das habe ich den Kollegen schon gesagt. Könnten Sie das mit dem Ministerium regeln?«
Wiese ärgerte sich, dass Schneider ihm wie so oft zuvor gekommen war. Der bohrende Schmerz ging in permanentes Hämmern über, er hatte ein Klingeln in den Ohren und nahm seine Umgebung nur bruchstückhaft wahr. Jetzt war ihm die Migräne sicher.
»Ach, und übrigens wäre es sinnvoll, wenn zwei Männer nach New York fliegen würden, um Herrn Klein vor Ort mit den Morden zu konfrontieren. Seine Reaktion auf die Nachricht der Ermordung von Frau und Tochter könnte uns Aufschluss über seine Schuld beziehungsweise Unschuld geben.«
Wiese versuchte durch gleichmäßiges Atmen den Schmerz zu bannen. Er dachte an türkisblaues Meer, einen rotgoldenen Sonnenuntergang und einen tropischen Drink.
»Wenn er im Flugzeug saß, hat er doch ein Alibi.«
»Er könnte die Morde auch in Auftrag gegeben und sich durch den Flug ein Alibi verschafft haben. Sie haben doch selbst erwähnt, dass Sie an eine Beziehungstat glauben und wir müssen jeder möglichen Spur nachgehen.«
Der Kopfschmerz persistierte, jetzt gesellte sich noch Übelkeit hinzu. Er kramte in seiner Schublade nach einem Schmerzmittel. Vorsichtig drückte er zwei Tabletten aus der Packung und wollte sie ohne Wasser schlucken. Schneider war das nicht verborgen geblieben. Er stand auf und zapfte aus dem Wassertank einen Becher, den er dem Vize wortlos gab. Dieser dankte mit einem Nicken und fuhr fort.
»Das muss ich erst mit dem Ministerium abklären, ob uns Mittel für einen Flug zur Verfügung gestellt werden. Wer soll denn fliegen?«

»Ich dachte Brückner vom Erkennungsdienst und ein Beamter von der Ermittlung.«
Wiese versprach, das am nächsten Tag zu klären. Mittlerweile war sein Gesicht kreidebleich.
»Die Kollegen sollen sich morgen zum Abflug bereit halten. Wenn ich das Ok aus dem Ministerium bekomme, können sie gleich durchstarten. Außerdem hat mich Claasen von der AZ angerufen. Mit dem haben Sie es sich auch gründlich verscherzt. Sie wissen, dass wir keine negative Publicity brauchen.«
»Ja, ich weiß. Ich rufe ihn heute noch an und werde ihm ein paar Details geben, die unsere Ermittlungen nicht behindern, ihm aber einen Vorsprung vor den anderen Zeitungen verschaffen. Wie ich ihn einschätze, hat er auf der Titelseite Platz gelassen, damit die neuesten Nachrichten noch gemeldet werden können. Am besten, ich kümmere mich gleich darum, damit wir es uns nicht komplett mit ihm verderben. Natürlich nur, wenn ich Ihr Einverständnis bekomme.«
Wiese blieb nichts übrig, als Schneider ziehen zu lassen, wissend, dass dieser seine Autorität ein weiteres Mal untergraben hatte. Zum Glück endete der Urlaub des Präsidenten am Freitag, so dass er sich nicht länger mit Schneider herum ärgern musste. Er war sich nicht sicher, ob das Schmerzmittel oder die Vorstellung, Schneider los zu werden, den Schmerz etwas dämpfte.

Schneider rief Claasen an und berichtete ihm über die Drogen, die Razzien und die Festnahmen. Die Leichenschändung erwähnte er nicht. Er teilte ihm auch nicht mit, dass Herr Klein gefunden worden war, damit kein neugieriger Reporter ihnen zuvor kommen konnte und Herrn Klein interviewte bevor sie ihn befragt hatten.
Die Informationen, die er ihm gegeben hatte, waren für einen Leitartikel mehr als ausreichend. Der Chefredakteur stürzte sich mit Gier auf die Neuigkeiten. Sein journalistischer

Spürsinn sagte ihm, dass sie erst am Anfang einer guten Story standen. Claasen war besänftigt. In nächster Zeit würde es zur Zufriedenheit des Vizepräsidenten keine negative Publicity geben.

Schneider rief bei Brückner an, um ihm mitzuteilen, dass er sich bereit halten sollte. Er fragte ihn, wer mit ihm reisen sollte und die Wahl fiel auf Schmidt. Dieser hatte ihm bereits signalisiert, dass er dazu bereit war.
Er schrieb noch eine Notiz für die Sekretärin, dass an der nächsten Besprechung die Leiter des Rauschgiftdezernates und der Sitte teilnehmen sollten. Dann fuhr er sofort nach Hause.

Dienstag, 8. April 20.00 Uhr, Schneiders Zuhause
Als Schneider die Haustür aufschloss, warf sich seine jüngste Tochter in seine Arme »Endlich sehe ich dich mal wieder. Warum musst du immer solange arbeiten?«
»Ach, Schätzchen, du weißt doch, dass wir einen Doppelmord haben.«
»Aber die sind doch eh tot. Denen kannst du nicht mehr helfen.«
Kinder konnten so gefühllos sein.
Schneider entgegnete ihr: »Den beiden Frauen kann ich nicht mehr helfen, aber vielleicht anderen, die der Mörder auch noch töten könnte.«
»Was hat einer davon, Menschen zu töten? Ich finde das doof.«
»Tja, ich verstehe es auch nicht, aber es gibt nun mal Menschen, die anderen Leid zufügen. Ich kann das nicht verhindern.«
Seine Tochter verlor das Interesse und verschwand in ihrem Zimmer.
Schneider begrüßte seine Frau und fragte nach seiner Ältesten.
»Wo ist Petra?«

»Die liegt auf ihrem Bett, brennt Räucherstäbchen ab und hört Musik.«
Ihm gefiel das nicht. »Hast du im Radio gehört, dass heute Drogenrazzien gemacht wurden? Wir haben einige Lokale ausgehoben und mehrere Jugendliche verhaftet.«
»Ich hab es von Petra gehört. Sie war ganz aufgeregt, als sie aus der Schule kam. Eines der Lokale muss auf dem Weg zum Bahnhof liegen. Eine Bekannte von ihr wurde verhaftet.«
»Ich muss unbedingt mit ihr reden. Ich mach mir Sorgen, dass sie am Ende auch in diesem Milieu verkehrt.«
»Da kennst du unsere Tochter aber schlecht. Sie braucht so etwas nicht.«
»Hoffentlich hast du Recht. Nach dem Essen rede ich mit ihr.«
»Warum nicht gleich? Das Essen braucht noch fünf Minuten.«
Schweren Herzens klopfte Schneider an der Zimmertür seiner Tochter. Sie lag auf dem Bett und las.
»Hallo Papa. Was bist du heute früh!«, begrüßte sie ihn ironisch.
»Na, jetzt übertreib mal nicht. Ich komme nicht immer so spät nach Hause.«
»Nein, nicht immer, aber immer dann, wenn ihr einen Mordfall habt. In letzter Zeit werden in Mainz ganz schön viel Menschen umgebracht. Wenn ich richtig mitgezählt habe, sind das Mord Nummer vier und Nummer fünf in diesem Jahr.«
»Ja, ich weiß auch nicht was los ist. Jahrelang gab es keine Morde und momentan häufen sie sich. Hast du einen Moment Zeit, ich muss mal mit dir reden.«
»Wenn es um Drogen geht, brauchst du dir keine Sorgen machen. Ich rühr das Zeug nicht an. Hab' ich nicht nötig.«
Er war überrascht, dass sie sein Anliegen sofort erriet. »Kann ich mich darauf verlassen?«, zweifelte er.

»Ja, kannst du. Außerdem würde mir keiner was anbieten, weil jeder weiß, dass du mein Vater bist und die haben viel zu viel Schiss erwischt zu werden.«

»Das ist hoffentlich nicht der einzige Grund, warum du es nicht tust?«

»Nein. Ich hab dir doch gerade erklärt, dass es mir nichts bringt. Ich rauche auch keine Zigaretten. Erstens schmeckt es mir nicht und zweitens stören mich der Geruch und die gelben Finger. Bist du zufrieden?«

»Ja, das bin ich und ich bin stolz auf dich.«

»Sei lieber stolz auf eure Erziehung.«

Schneider wunderte sich über seine Tochter. Es gab endlose Diskussionen, wenn sie etwas gegen den Willen der Eltern durchsetzen wollte. Sie wurde dann wütend und beschimpfte sie als zu streng und rückständig. Immer wieder führte sie an, dass ihre Freundinnen viel mehr erlaubt bekämen, nur sie sei die Einzige, die so vieles nicht dürfe. Schneider und seine Frau verabscheuten diese Auseinandersetzungen, denn sie drehten sich immer im Kreis. Von beiden Seiten gab es keine neuen Argumente. Seine Tochter wollte nicht akzeptieren, dass man mit 14 eben noch nicht in eine Disco durfte. Sie meinte, dass das Jugendschutzgesetz nur gemacht worden sei, damit die Eltern es einfacher mit der Erziehung hätten. Wenn er sie auf die Gefahren hinwies, die auf junge Menschen lauerten und denen sie aufgrund mangelnder Lebenserfahrung oftmals unbedarft gegenüberstanden, titulierte sie ihn als konservativen Reaktionär. Aber seine Berufserfahrung hatte ihn in diesem Punkt hart gemacht und er zeigte sich unnachgiebig. Bisher hatte sie seine Einstellung nur schwer akzeptiert, aber es musste etwas vorgefallen sein, das ihren Stimmungsumschwung bewirkt hatte. Er und seine Frau hatten vor Kurzem beschlossen abzuwarten, bis sie mit ihren Problemen von sich aus zu ihnen kam. Früher oder später tat sie es auch. Ein großer Vorteil dieser Verhaltensstrategie war, dass es erheblich weniger Streit zwischen ihnen gab.

Er fragte, ob sie noch etwas zu ihnen ins Esszimmer kommen wollte, aber sie verneinte, weil das Buch so spannend war. »Es ist übrigens ein Krimi«, entgegnete sie ihm mit sanftem Lächeln.
Entspannt nahm er am Esstisch Platz und aß mit Appetit die Kohlrabi, Bratkartoffeln und Frikadellen. Seine Frau erzählte ihm, was es zu Hause Neues gegeben hatte und er lauschte mit Interesse. »Stell dir vor, Petra kam heute aus der Schule und hat erzählt, dass ein Mädchen aus ihrer Klasse schwanger ist. Mit vierzehn! Wie schrecklich für das arme Kind.«
»Und wie hat unsere Tochter darauf reagiert?«
»Sie meinte, es sei verwunderlich, dass dies nicht schon früher geschehen ist. Die Eltern des Mädchens scheinen noch nichts davon zu wissen. Petra hat erzählt, dass das Mädchen alles Mögliche versucht hat, um eine Fehlgeburt herbeizuführen. Sie wäre vom Tisch gesprungen, hätte mit einer Stricknadel hantiert, auf ihren Unterleib eingeschlagen und irgendwelche abstrusen homöopathischen Säfte getrunken, aber nichts hat bisher gewirkt. Hoffentlich kommt sie nicht auf dumme Gedanken. Kannst du nicht irgendetwas unternehmen?«
»Sag mal, bin ich vielleicht Dr. med. Markus Welby? Ich werde überhaupt nichts tun. Das Mädchen soll sich mit ihren Eltern arrangieren. Es spricht nicht gerade für ein gutes Verhältnis zwischen Kind und Eltern, wenn sich das Mädchen erst ihren Freundinnen anvertraut«, entgegnete er mit gereizten Unterton.
Er hatte genug berufliche Probleme und keine Zeit, sich mit denen anderer Leute zu befassen.
»Aber du kennst die Mutter. Sie arbeitet bei euch in der Verwaltung. Könntest du nicht mit ihr reden?«, beharrte seine Frau.
»Das ist das Letzte, was ich tun werde. Stell dir mal vor, das geht im Präsidium herum. Ich mache die Frau und mich unmöglich. Ich werde mich keinesfalls einmischen und rate dir, das auch nicht zu tun. Du erntest keinen Dank, glaub mir das. Die Leute

sehen so etwas als Einmischung in ihre Privatsphäre. Ich habe ausreichend Erfahrung damit.«
Seine Frau schwieg einen Moment und er glaubte schon, sie wäre beleidigt. »Wahrscheinlich hast du recht. Das ist nicht unsere Sache. Vielleicht ist es ja auch falscher Alarm. Bei Mädchen in dem Alter gibt es häufiger unregelmäßige Zyklen. Was gibt es bei dir Neues?«
»Das Tagebuch von Carola ist aufgetaucht. Diese Journalistin, der ich gestern begegnet bin, hat es aus dem Pavillon der Kleins mitgehen lassen. Heute morgen hatte das DARMSTÄDTER ECHO die Titelseite. In dem Tagebuch gibt es Hinweise auf eine florierende Drogenszene in Mainz, von der bislang niemand etwas wusste. Das Drogendezernat ist aus allen Wolken gefallen. Du kannst dir also vorstellen, wie das für die Öffentlichkeit aussieht.«
»Es sind doch nur ein Einzelne, die die Polizei gerne als unfähig hinstellen. Der Großteil der Bevölkerung steht hinter euch«, besänftigte sie ihn.
»Vielleicht der Teil aus unserer Generation; die Jungen würden doch am liebsten die Polizei abschaffen, mit ihrem ›make peace, not war‹-Parolen. Als käme der Frieden von allein! So ehrenwert diese Einstellung ist, so schwärmerisch ist sie auch und entbehrt leider jeglicher Realität. Wenn Liebe und Frieden herrschen würden, hätten wir dieses scheußliche Verbrechen nicht gehabt. Diese beiden Frauen haben keinem Menschen etwas getan. Sie haben ihr Leben gelebt und wurden Opfer einer grausamen Begierde. Ich werde diesen Anblick so schnell nicht vergessen können.«
Seine Frau hatte ein feines Gespür für die Situation. »Hast du Angst, dass es nochmals passiert?«
»Ich bin mir nicht sicher. Wenn es tatsächlich ein Beziehungstäter war und man kann die Fakten so interpretieren, dürfte es bei diesem einen Verbrechen bleiben. Wenn es aber ein anderes Motiv gibt, dann ist die Sache erst ausgestanden, wenn der Täter gefasst ist.«

»Glaubst du an einen Beziehungstäter?«
»Mein Gefühl sagt mir, dass wir es hier mit einem anderen Tätertyp zu tun haben. Ich fürchte, es könnte noch mehr Opfer geben. Aber momentan ist das schwer vorauszusagen. Außerdem sind nur wenige aus der Mordkommission meiner Meinung. Der Großteil, inklusive dem Vize, gehen von einer Beziehungstat aus. Die Fakten deuten vielleicht in diese Richtung, aber die Psychologie des Tatorts spricht eine andere Sprache. Gerade die älteren Kollegen kommen aber mit psychologischen Ansätzen wenig zurecht.«
»Wie gehst du weiter vor?«
»Ich weiß es noch nicht. Es ist wie verhext. Die Spuren verlaufen im Sand. Keiner hat etwas bemerkt und es gibt keine Tatwaffe. Außer einem Fußabdruck, ein paar Haaren und der Blutgruppe haben wir rein gar nichts. Es gibt Hunderte von Männern in Mainz, die ungefähr 1,80 m groß sind, braune Haare und die Blutgruppe B positiv haben. Es scheint, als hätte ein Phantom die Tat begangen.«
»Du hast eben von der Psychologie des Verbrechens gesprochen. Wenn du keine anderen Hinweise hast, dann musst du das Problem eben psychologisch lösen.«
Er schaute sie nachdenklich an. »Du hast eben ein großes Wort gelassen ausgesprochen.«
»So, ich scheuche jetzt die Kinder zu Bett«, entgegnete sie ihm.

Mittwoch, 9. April, 9.00 Uhr, Präsidium
Wie von Schneider gewünscht waren bei der Besprechung einige Vertreter des Sitten- und des Drogendezernates anwesend. Der Leiter der Rauschgiftabteilung berichtete, dass es Hinweise auf ein Drogenlabor in Rüsselsheim gab, wo Drogen illegal hergestellt wurden. Von dort erfolgte die Versorgung des ganzen Rhein-Main-Gebietes. An den Wochenenden wurde der Stoff in Diskos, vor allem in Frankfurt, aber auch in anderen größeren Städten, angeboten. An einigen Mainzer Schulen,

überwiegend an Gymnasien, hatte sich ein richtiges Versorgungssystem entwickelt, das süchtige Schüler regelmäßig mit Stoff belieferte. Sie brauchten nur ausreichend Bares und die Bekanntschaft mit dem Dealer und dem Erwerb stand nichts mehr im Wege. Leider war der Inhaber des Labors gewarnt worden und hatte fliehen können. Seine Spur verlor sich auf dem Balkan. Die Beamten gingen davon aus, dass er sich über Griechenland nach Indien abgesetzt hatte. Dort war er untergetaucht, vermutlich bei einer Sekte, und blieb somit für die deutsche Justiz unerreichbar.
Ein Beamter prophezeite, dass der Dealer sicherlich irgendwann kahlgeschoren, orangegewandet, das Tamburin schlagend in Mainz auf dem Marktplatz auf und ab hüpfen und »Hare Krischna« singen würde.
Die Ermittlungen liefen weiterhin auf Hochtouren und einige Dealer seien bereits verhaftet worden. Bisher hatte jeder die Bekanntschaft mit dem ermordeten Mädchen abgestritten. Sie würden aber weiterhin in dieser Richtung nachforschen.
Das, was der Kollege von der Sitte zu berichten hatte, klang etwas ermutigender.
»Wir haben auf Veranlassung von Franckh die Akten der letzten zwei Jahre geprüft. Dabei richteten wir besonderen Augenmerk auf gewaltsame Überfälle auf junge Frauen. Zwei scheinen vielversprechend zu sein. Im April vor zwei Jahren wurde eine junge Angestellte aus dem Favorite-Parkhotel auf ihrem Nachhauseweg im Stadtpark von einem Unbekannten angefallen. Er fasste sie von hinten, hielt ihr ein Messer an die Kehle und forderte sie zum Geschlechtsverkehr unter der Androhung auf, dass er sie ›abstechen‹ würde, wenn sie sich weigerte. Die junge Frau schrie um Hilfe und wehrte sich. Ein Mann, der seinen Hund ausführte, kam ihr zu Hilfe. Der zweite Fall ereignete sich im Juni des selben Jahres. Eine Krankenschwester aus dem St. Vincenz- und Elisabeth-Hospital wurde ebenfalls auf dem Nachhauseweg angegriffen. Ein Mann sprang aus einem Gebüsch, als sie ›An der Goldgrube‹ entlang lief und

verlangte Sex. Er hielt ihr ein Messer an den Hals und drohte ebenfalls sie umzubringen, wenn sie seinem Verlangen nicht nachgab. Die junge Frau täuschte vor, darauf einzugehen und als er seinen Griff lockerte, stieß sie ihren Ellenbogen in die Magengrube des Angreifers. Sie befreite sich, rannte die Straße hinunter und konnte einen Busfahrer anhalten. Der verständigte sofort über Funk die Polizei, doch die Fahndung blieb erfolglos. Die junge Frau sah noch, wie der Täter über einen hohen Zaun an der St. Albankirche flankte und über das dunkle Grundstück floh. Anscheinend war ihr Hieb nicht so kräftig gewesen, ihn bewegungsunfähig zu machen.«
Franckh machte eine Pause und nippte an einem Glas Wasser. Die anderen Beamten hatten aufmerksam gelauscht. Er setzte seinen Bericht fort.
»Es gibt mehrere auffällige Gemeinsamkeiten. Erstens: Die jungen Frauen sind typähnlich. Beide sind schlank, dunkelhaarig, nicht übermäßig groß und nicht älter als dreiundzwanzig.
Zweitens: Die Tatorte liegen relativ dicht beieinander und gehören zum Mainzer Grüngürtel.
Drittens: Die Zeit der Überfälle lag zwischen 23.00 und 24.00 Uhr, immer in Vollmondnächten.
Viertens: der Mann lauert seinen Opfern auf und überfällt sie von hinten mit einem Messer.«
Schneider schaltete sich ein.
»Gibt es eine Täterbeschreibung?«
»Die ist leider nur vage. Übereinstimmend sagten die Frauen aus, dass der Täter brünettes Haar hatte, nicht größer als 1,80 m ist und nach Seife roch. Außerdem hatte er Moselaner Akzent, er sagte ›dat‹ statt ›das‹. Mehr haben wir leider nicht.«
Schneider war zufrieden. Das Phantom schien doch Gestalt anzunehmen. Er dankte dem Kollegen für seine ausgezeichnete Recherche.
»Nun, Kollegen, was haltet ihr davon?«, fragte er in die Runde.

Bevor jemand antworten konnte, klopfte es. Alle Augen schauten zur Tür, als der Vizepräsident den Raum betrat.
»Ich entschuldige mich für die Unterbrechung, aber ich habe wichtige Neuigkeiten. Die Kommissare Brückner und Schmidt, werden heute beide um 14.00 Uhr nach Amerika fliegen und Herrn Klein aufsuchen. Vernehmen Sie ihn vor Ort und bringen Sie ihn mit zurück. Für morgen Abend sind für den Rückflug drei Plätze gebucht. Hier habe ich die Tickets. Ich wünsche Ihnen viel Erfolg und darf mich verabschieden, dringende Angelegenheiten fordern meine Präsenz. Auf Wiedersehen, die Herren«, sprach er und entschwand.
Der Blick auf seine Uhr zeigte Schneider, dass die »dringende Angelegenheit« das zweite Frühstück war, dass der Vize um diese Zeit mit seiner attraktiven Sekretärin einnahm.
Brückner war blass geworden. Er hatte immer noch gehofft, der zugedachten Aufgabe zu entfliehen. Er hasste es zu fliegen. Leider wurde seine Hoffnung nun enttäuscht. Schmidt dagegen schien sich auf die kleine Exkursion zu freuen.
»Schmidt und Brückner, packen Sie ihre Sachen und machen sich auf den Weg. Ich weiß, es ist nicht angenehm eine solche Botschaft zu überbringen, aber sie schaffen das schon. Viel Erfolg und bis übermorgen«, verabschiedet Schneider seine Kollegen.
Die Beamten erhoben sich und machten sich auf den Weg.
»So, also was halten Sie davon?«, fragte Schneider erneut.
Franckh meldete sich eifrig zu Wort. »Der Täter könnte mit unserem identisch sein. Immerhin stimmen Haarfarbe und Größe überein. Die Überfälle haben sich in der Nähe des Anwesens der Kleins ereignet und die Uhrzeit stimmt auch.«
Pfitzer widersprach ihm. »Wie viele 1,80 m große, brünette Männer gibt es in Mainz? Allein hier im Raum befinden sich zwei, auf die die Beschreibung zutrifft. Außerdem scheint dieser Täter mir nicht aggressiv genug. Er ließ sich relativ leicht in die Flucht schlagen.«

Franckh gab nicht auf. »Vielleicht waren das die Anfänge, Übungen sozusagen. Diese Übergriffe sind immerhin bereits zwei Jahre her.«
Schneider kam seinem jungen Kollegen zu Hilfe. »Der Einwand von Kommissar Pfitzer ist nicht von der Hand zu weisen. Aber ich sehe wie Franckh eine Möglichkeit, dass es sich hier um unseren Täter handeln könnte. Die Ermittlungen laufen weiter wie bisher, doch wir werden diese neuen Spuren verfolgen. Einer von uns muss die beiden Frauen befragen. Außerdem bringt uns die Vernehmung von Herrn Klein sicherlich neue Aufschlüsse. Gibt es noch andere neue Hinweise?«, wollte er wissen.
Werner erzählte, dass sie heute Morgen einen Anruf aus einer Reinigung in Wiesbaden erhalten hatten. Ein Mann, auf den die Beschreibung passt, hätte einen blutverschmierten Anzug zum Reinigen abgegeben. Es sind sofort zwei Kollegen hingefahren und haben den Anzug konfisziert. Momentan ist er beim LKA zur Laboruntersuchung. Das Ergebnis erhalten wir noch heute Morgen.«
»Gut, bleiben Sie dran und informieren Sie mich, sobald Sie die Blutgruppe kennen. Ist die Mordwaffe gefunden worden?«
Franckh verneinte. »Die Kollegen haben alles im Radius von zwei Kilometern systematisch durchkämmt. Vielleicht hat er sie ja von der Eisenbahnbrücke in den Rhein geworfen.«
»Das wäre eine Möglichkeit. Aber ich glaube nicht daran. So wie der momentane Erkenntnisstand ist, liegt die Vermutung nahe, dass wir es mit einem sexuell gehemmten Menschen zu tun haben. Wir müssen davon ausgehen, dass er, sobald sein Sexualtrieb nicht mehr kontrollierbar ist, wieder zuschlägt. Ich bin zwar weder Psychiater noch Psychologe, aber ich glaube, er wird wieder töten.«
Zöller fiel ihm ins Wort. »Das würde ja bedeuten, dass wir erst am Anfang einer Serie stehen. Ist das nicht etwas weit hergeholt? Unsere Ermittlungen sind doch erst angelaufen. Bisher

haben wir es nur mit einem Doppelmord zu tun. Allerdings habe ich auch ein ungutes Gefühl bei der Sache.«

»Von Gefühlen sollten wir uns nicht leiten lassen. Ich werde mich mit einem Psychiater von der Uniklinik beraten. Er hat schon öfter als Gutachter für uns gearbeitet. Vielleicht kann er aus den Fakten Rückschlüsse auf das Verhalten des Täters ziehen. Wir können zwar nicht hundertprozentig sicher sein, dass der Täter von vor zwei Jahren unser Mann ist, aber es gibt erstaunlich viele Parallelen. Die Zeit drängt, wir können es nicht noch weitere Opfer riskieren.«

»Vielleicht haben wir ja Glück und Herr Klein ist unser Täter«, entgegnete Pfitzer.

Schneider wollte ihn schon fragen, ob er an den Weihnachtsmann glaube, doch er unterdrückte seine zynische Bemerkung. Ein gesundes Klima innerhalb der Mordkommission beschleunigte die Ermittlungen und er wollte schnell zum Ziel gelangen.

»Ist die Praxis von Frau Klein durchsucht worden?«

Pfitzer bejahte. »Wir haben mehrere Akten zur Einsicht mitgenommen. Aber es gibt noch keinen Hinweis auf irgendeinen Zusammenhang zwischen der Arbeit von Frau Klein und ihrer Ermordung.«

»Gut. Hier sind übrigens die Kopien des Phantombildes von dem Mann, der mir am Abend nach dem Mord auffiel. Zöller verteilen Sie sie an Kollegen von der Schutzpolizei. Sie sollen die weitere Nachbarschaft befragen. Vielleicht hat jemand etwas Verdächtiges bemerkt. Ich selbst befrage nochmals die Nachbarschaft in der Straße. Ich werde das Gefühl nicht los, dass wir etwas übersehen haben. Wir sollten uns nicht ein weiteres Mal blamieren. Franckh, suchen Sie Dr. Mendel auf und lassen Sie sich die bisherigen Ergebnisse geben. Wir sehen uns um 16.30 Uhr wieder.«

Mittwoch 9. April, 10.00 Uhr, Stadtparkumgebung

Schneider begann mit der Befragung in der Straße, in der die Kleins lebten. Er zeigte das Bild und fragte nach, ob der Mann hier wohne. Niemand kannte ihn oder hatte ihn bemerkt. Seine Frage, ob in den vergangenen Wochen irgendetwas Ungewöhnliches passiert sei, verneinten alle. Schneider nahm sich viel Zeit, versuchte die Nachbarn aus der Reserve zu locken, doch er erhielt keine neuen Hinweise. Nach dreistündiger Befragung ging er resigniert zu seinem PKW, den er vor dem Anwesen der Kleins geparkt hatte.

Eine ältere Dame mit einem Pudel an der Leine blieb stehen und taxierte ihn intensiv. Er hielt ihrem Blick stand und schien Gnade vor ihren Augen zu finden.

»Sind Sie von der Polizei?«, wollte sie wissen.

Er zückte seinen Ausweis, deutete eine kleine Verbeugung an.

»Hauptkommissar Schneider vom 1. Kommissariat.«

»Mein Name ist Roswitha Schenck. Ich wohne in der Weidmannstraße.«

Schneider spürte instinktiv, dass er einer Zeugin gegenüberstand, die etwas wusste und gern bereit war, ihr Wissen preis zu geben. Er musste sie nur bitten, ihm ihre Beobachtung zu schildern.

»Frau Schenck, haben Sie etwas gesehen oder bemerkt, das für unsere Ermittlungen von Bedeutung sein könnte?«

»Vielleicht denken Sie ich sei zu alt, um Beobachtungen zu machen. Mein Kopf funktioniert noch ganz gut. Allerdings schienen Ihre Kollegen mich für tüttelig zu halten.«

»Den jungen Männern fehlt es manchmal an Erfahrung. Haben Sie nicht Lust mit mir in das Café am Rosengarten zu gehen? Dort können wir uns bei einer Tasse Kaffee und einem Stück Kuchen ungestört unterhalten.«

»Das Angebot nehme ich gerne an. Komm Sissi«, sagte sie zu ihrem Hund und zog dabei sacht an der Leine, »dieser Herr hier hat wenigstens Manieren.«

Sie war ihm bereits mehrere Schritte voraus und ging zielstrebig in Richtung Café. Schneider stellte sich auf Geschichten aus ihrem Leben ein und überlegte, welche Befragungstaktik er am besten bei ihr anwenden konnte, um nicht für Stunden in dem Café fest zu sitzen.
Die Dame legte ein schnelles Tempo vor und so erreichten sie innerhalb von zehn Minuten ihr Ziel. Sie schien in dem Café bekannt zu sein, denn die Bedienung rief ihr beim Eintreten zu: »Das Übliche, Frau Schenck?«
»Ja bitte, meine Liebe. Und für den Herrn ebenfalls.«
Schneider hatte keine Möglichkeit ihr zu widersprechen und fügte sich wortlos. Die Bedienung brachte vier Schweinsohren, zwei Tassen Kaffee und zwei Cognacschwenker.
»Frau Schenck ich bin im Dienst«, bemerkte Schneider.
»Oh, daran habe ich nicht gedacht. Macht nichts, bei mir kommt nichts um.«
Sie biss herzhaft in ihre Schweinsohren und spülte mit einem großen Schluck Cognac nach. »Probieren Sie ihn doch wenigstens, das ist nicht der billige Fusel aus der Fernseh-Werbung. Das ist ein VSOP.«
Er schüttelte bedauernd den Kopf: »Ich darf wirklich nicht.«
»Das muss ich wohl akzeptieren. Wir sind ja auch nicht zum Vergnügen hier. Also, dann erzähl ich Ihnen, was ich bemerkt habe.«
Schneider war über ihre Direktheit überrascht. Schnell zog er sein Notizbuch hervor und schrieb in Kurzschrift mit, während sie mit ihrer Schilderung begann. Sie erwähnte zunächst ihre Beobachtung vom Mordtag.
»Ich habe den jungen Mann gesehen, bevor er das Haus betrat. Das war an dem Tag, als er die Leichen gefunden hat. Zuerst hat er geklingelt, dann noch Mal und schließlich hat er die Tür aufgeschlossen.«
Das deckte sich genau mit dem, was Thomas zu Protokoll gegeben hat.

»Aber das ist eigentlich keine Neuigkeit, das hat Ihnen der junge Mann sicherlich selbst erzählt. Ich habe Ihnen das auch nur gesagt, damit Sie sehen, dass ich noch im Vollbesitz meiner geistigen Kräfte bin.«
Schneider hegte weder Zweifel an der Zurechnungsfähigkeit seiner Zeugin noch an ihrer Beobachtungsgabe.
»Erzählen Sie bitte weiter!«
»Wissen Sie, in meinem Alter braucht man nicht mehr so viel Schlaf. Ich schlafe nachts schlecht ein. In der Regel bin ich bis gegen zwei Uhr wach. Ich lese dann oder höre Musik oder schaue fern. Aber das Programm ist schon immer so früh zu Ende, dass ich meistens noch im Bett lese. Vor drei Wochen etwa, ich glaube es war Vollmond, saß ich im Dunkeln im Wohnzimmer und habe Rachmaninow gehört. Nicht besonders laut, denn Sissi schätzt ihn nicht so sehr wie ich.«
Dabei sah sie liebevoll auf ihren Hund, der sie ergeben anblickte. Dann fuhr sie fort. »Plötzlich bemerkte ich einen Mann, der auf meinem Grundstück umher schlich und mit einer Taschenlampe in jedes Zimmer leuchtete. Er ließ sich viel Zeit und schaute sich in aller Gemütsruhe die Zimmer an. Ich habe mir das zwei bis drei Minuten angesehen. Dann habe ich mein Fenster geöffnet und ihm gedroht, falls er nicht verschwände, den Hund auf ihn zu hetzen. Sissi hat mich zum Glück nicht im Stich gelassen und laut gebellt. Sie hat eine sehr durchdringende Stimme, auch wenn sie sonst eher zart ist. Darauf machte er sofort das Licht aus und ist sehr behände über den Gartenzaun verschwunden. Der Zaun ist übrigens recht hoch, der Mann muss sehr sportlich sein.«
»Da haben Sie aber Courage bewiesen, Frau Schenck.«
»Papperlapapp, ich lass mich doch nicht von einem Spanner erschrecken. Die sind doch harmlos. Übrigens spannen die oft nachts in der Gegend hier, aber das ist der Polizei sicherlich bekannt.«
»Ja, es sind uns einzelne Fälle bekannt«, entgegnete ihr Schneider.

»Da wäre ich mir nicht so sicher. Ich habe schon öfter Lubberer in der Gegend gesehen. Es waren immer verschiedene Männer. Außerdem führe ich spät abends oft Sissi noch im Volkspark aus. Da begegnen mir schon etliche schräge Vögel.«
Schneider erinnerte sich an den verdächtigen Mann am Abend nach dem Mord. Sollte er einen Spanner gesehen haben?
»Können Sie den Mann beschreiben?«
»Natürlich, ich bin doch nicht blind. Er ist ungefähr 1,80 m groß und schlank und hat dunkles Haar.«
Schneider zog das Phantombild aus der Tasche. »Ist das dieser Mann hier?«
Seine Hoffnung wurde enttäuscht.
»Nein, tut mir leid. Den Lubberer, den ich gesehen habe, hat ein schmaleres Gesicht. Außerdem ist er jünger. Ich schätze ihn auf Anfang, Mitte zwanzig.«
»Würden Sie ihn erkennen, wenn Sie ihn sehen?«
»Das glaube ich nicht. Ich habe ihn nur Bruchteile von Sekunden gesehen.«
Sie hatte ihre Schweinsohren gegessen, den Kaffee und beide Cognacs getrunken und drängte zum Aufbruch.
»Wenn Sie nichts mehr fragen möchten, würde ich gerne gehen. Ich brauche jetzt meinen Mittagsschlaf und Sissi auch. Es war nett mit Ihnen zu plaudern.«
Sie zog eine Visitenkarte aus ihrer Tasche und gab sie Schneider.
»Hier ist meine Adresse, falls sie noch etwas wissen möchten. Vielleicht wollen Sie ja auch meinen Garten besichtigen«, sagte sie mit kokettem Augenaufschlag.
Schneider bedankte sich bei ihr, bat sie in das Kommissariat zu kommen, damit sie die Aussage protokollieren konnten und bot sich an sie nach Hause zu begleiten.
»Sie müssen erst mal ihr Gebäck essen und ihren Kaffee trinken. Ich finde meinen Nachhauseweg schon. Auf Wiedersehen und schnappen Sie den Kerl.«

Schneider erhob sich, gab ihr die Hand und bedankte sich für ihre Zusammenarbeit. Er trank den lauwarmen Kaffee und aß die Schweinsohren.
Was er soeben gehört hatte, erstaunte ihn. Das Phantom nahm immer schärfere Konturen an. Wenn es stimmte, was Frau Schenck gesagt hatte, dann handelte es sich hier nicht um einen »typischen« Spanner. Spanner leuchteten nicht in Häuser und spazierten nicht bei Vollmond für jedermann erkennbar ungehemmt über fremde Grundstücke. Sie zogen schützende Deckung vor. Ihr Kitzel bestand darin, Frauen beim Ausziehen oder Pärchen beim Liebesakt zu beobachten ohne selbst gesehen zu werden.
Endlich gab es neue Anhaltspunkte. Mit jedem neuen Fakt schien ein Beziehungstäter immer unwahrscheinlicher. Welche Konsequenzen das für die Menschen, vor allem für die jungen Frauen dieser Stadt noch haben würde, daran wagte er nicht zu denken.

Mittwoch, 9. April, 14.30 Uhr, Präsidium
Schneider nahm das Tagebuch zur Hand. Carola hatte über vier Wochen keinen Eintrag mehr gemacht. Ihre Schrift wirkte weniger klar, eher verzagt.

22. Dezember 1973
Zum Glück gibt es heute Ferien: Ich kann die Schule nicht mehr sehen und bin froh, wenn ich ein paar Tage Ruhe habe. Ich muss zu mir finden. Momentan bin ich sehr unglücklich. Marisa und Andrea reden nur noch über ihre Freunde und wie toll es ist endlich einen Lover zu haben. Ich kann es schon nicht mehr hören. Sie ziehen sich immer mehr zurück und ich fühle mich einsam. In der Schule läuft es auch nicht mehr so gut. Ich kann mich nicht konzentrieren und bin im Notendurchschnitt auf eine zwei abgesackt. Noch haben meine Eltern das nicht bemerkt, aber es wird sicher nicht mehr lange dauern. Vielleicht sollte ich mit dem Kiffen aufhören.

20. Januar, 1974
Heute habe ich eine fünf in Französisch geschrieben. Die Lehrerin wollte wissen, was mit mir los sei. Sie möchte, dass meine Eltern zum Elternsprechtag kommen. So ein Mist!

17. Februar, 1974
Marisa ist schwanger. Sie ist verzweifelt. Ihr Freund will Schluss machen, wenn sie das Kind nicht abtreiben lässt. Den würde ich mit oder ohne Kind zum Teufel jagen. Eine Freundin meint, sie soll nach Holland fahren, aber das wird zu teuer. Eine andere Freundin kennt einen Frauenarzt in Wiesbaden, der Abtreibungen gegen Bezahlung macht. Er will 600.- Mark. So viel Geld hat sie nicht. Andrea und ich konnten ihr 400.- Mark leihen: Der Termin ist am kommenden Freitag. Marisa möchte, dass wir sie begleiten.

20. Februar, 1974
Die Abtreibung war schrecklich. Diesem Arzt hätte ich mein Leben nicht anvertraut. Die Praxis ist total runtergekommen und verdreckt. Überall liegen gebrauchte Spritzen und leere Medikamentenfläschchen herum. So wie der Mann aussieht, hat er selbst ein Drogenproblem. Ich glaube, er ist morphiumabhängig. Er hatte keine Sprechstundenhilfe und so haben Andrea und ich assistiert. Andrea ist umgekippt, als sie das Blut sah und Marisa hat vor Schmerzen geschrien. Die Narkose hat nicht richtig gewirkt. Schließlich wurde sie ohnmächtig. Nach einer halben Stunde war alles vorbei und der Arzt hat uns schnellst möglich hinaus manövriert. Wir haben ein Taxi genommen. Marisa ging es so schlecht, dass sie nicht mit dem Bus fahren konnte. Sie blutete wie verrückt. Nach drei Stunden hat es immer noch nicht aufgehört. Sie bekam Fieber und Bauchkrämpfe, wollte aber keinen Arzt. Ich habe ihre Mutter angerufen. Sie war gerade bei der Kosmetikerin. Zuerst war sie ganz schön sauer, denn sie war mit ihrer Behandlung noch nicht fertig. Aber ich habe Druck gemacht und da kam sie. Als sie Marisa sah, wurde sie hysterisch. Sie bekam einen Schreikrampf, beschimpfte sie als Hure und wollte sie ohrfeigen. Doch dann haben Andrea und ich ihr klar gemacht,

wie schlecht es ihrer Tochter geht und sie hat den Notarzt angerufen. Jetzt liegt Marisa in der Uni und wir hoffen, dass sie es schafft. Ich werde es meinen Eltern erzählen müssen.

21. Februar, 1974
Marisa geht es immer noch sehr schlecht. Die Ärzte hoffen, dass sie die Gebärmutter nicht entfernen müssen. Sie wollten wissen, wer die Abtreibung gemacht hat, doch wir haben nichts gesagt. Ich glaube, sie haben die Polizei informiert.

22. Februar, 1974
Ich hatte mit meiner Vermutung recht. Heute mittag kam die Polizei und hat mich befragt, Andrea wurde ebenfalls in die Mangel genommen. Schließlich sind wir mit der Sprache herausgerückt. Marisa hat immer noch Fieber. Wir dürfen sie nicht besuchen.

23. Februar, 1974
Der Arzt ist verhaftet worden. Heute morgen stand es in der Zeitung. Er ist tatsächlich drogenabhängig. Ihm droht der Entzug seiner Approbation und Gefängnis. Marisa geht es zum Glück etwas besser. Sie wird nicht sterben.

25. Februar, 1974
Marisas Eltern haben den Arzt angezeigt. Sie werden als Nebenkläger auftreten und meine Mutter übernimmt den Fall. Meine Eltern und ich haben gestern Abend lange diskutiert und ich konnte sie überzeugen, dass mir so etwas nicht passieren wird. Und falls es doch geschieht, rede ich zuerst mit ihnen. Ich werde nicht den gleichen Fehler wie Marisa machen. Meine Eltern und ich verstehen uns aber auch sehr gut. Sie haben Verständnis und Zeit für mich. Vielleicht kümmert sich Marisas Mutter jetzt mehr um sie und denkt weniger an sich.

Das Klingeln des Telefons unterbrach Schneiders Lektüre. Brückner teilte ihm mit, dass es eine Bombendrohung am Flughafen gegeben habe und der Abflug sich verzögern würde.

Sie würden ihren Rückflug nicht mehr schaffen und hatten bereits umgebucht. Sie mussten also einen Tag länger auf Herrn Klein warten.

Bei der täglichen Besprechung wurde offensichtlich, dass keiner in der näheren Umgebung etwas bemerkt hatte. Niemand kannte den Mann oder hatte in je bewusst gesehen. Also konnten sie ausschließen, dass er dort wohnte. Schneider überraschte die Männer mit der Aussage von Frau Schenck. Sie reagierten erstaunt.
»Mir ist aus der Literatur kein derartiger Spannertyp bekannt, oder habe ich etwas versäumt?«, merkte Zöller an.
Die anderen stimmten ihm zu. »Dieser Mann ist ein Voyeur, überschreitet aber die üblichen Grenzen. Er könnte unterschwellig aggressiv sein. Das ist eher untypisch. So hat man es uns zumindest auf der Polizeischule beigebracht«, konstatierte Franckh.
»Laut Aussage der Zeugin scheinen es mehrere Spanner zu sein. Wir sollten einen oder mehrere Beamte in dieses Milieu einschleusen, um mehr darüber zu erfahren. Vielleicht kommen wir so an unseren Mann heran. Wir werden von auswärts Kollegen anfordern müssen, deren Gesichter in Mainz nicht bekannt sind. So könnten die verdeckten Ermittlungen auch tatsächlich Erfolg haben. Ich werde mir die Zustimmung vom Vizepräsidenten und vom Ministerium holen müssen«, sagte Schneider. »Hat die Obduktion etwas ergeben?«
Franckh erstattete kurzen Bericht. »Frau Klein hat nicht nur eine Verletzung, auch wenn es auf den ersten Blick so aussieht. Der Täter hat sie fixiert, indem er sich auf sie kniete und mit dem linken Arm den Hals fest auf das Kissen drückte. Daher rühren die Blutergüsse im unteren Bauchbereich und am Hals. Dann hat er ihr von oben mindestens drei Mal auf den Schädel eingestochen, dabei hat er jedes Mal dieselbe Wunde getroffen. Mit jedem Stoß drang er dabei tiefer in den Schädel ein. Beim zweiten Stoß ist er wahrscheinlich stecken geblieben. Er hat

die Mordwaffe verkeilt und musste sie raushebeln. Mit dem letzten Stoß hat er den Gaumen durchtrennt. Ich hoffe, die Frau war bereits nach dem ersten Stoß tot.«

Franckhs Stimme war immer leiser geworden. Die Blässe in seinem Gesicht verriet, dass ihn das alles sehr mitnahm. Auch die Anderen schluckten schwer. Je länger sie ermittelten, je tiefer sie in die Materie eindrangen, um so mehr erschien ihnen der Täter als Bestie. Wieder beschlich Schneider das Gefühl, dass die Zeit drängte. Konnte er auf sein Gefühl vertrauen? Er hoffte inständig, dass er sich irrte.

Franckh fuhr fort. »Mendel meint, dass die Verletzungen der Tochter auf sich steigernde Wut beim Angreifer schließen lassen. Sie hat zwei oberflächliche Wunden, die eigentlich nur Kratzer sind. Dann gibt es den Stichkanal in ihrer linken Schläfe, der sie bewegungsunfähig machte und schließlich die entstellenden, tiefen Schnitte. Die Schnittführungen sind sehr präzise.«

Er machte eine kurze Pause und nippte an dem Wasserglas. »Mendel interpretiert die Tat folgendermaßen: Der Täter betritt das Zimmer und fordert das bereits im Bett liegende Mädchen zum Geschlechtsverkehr auf. Er unterstützt seine Forderung mit den oberflächlichen Schnitten. Als sie sich weigert und fliehen will, sticht er ihr in die Schläfe. Sie schreit und weckt so vielleicht ihre Mutter. Das ist der Schrei, den die Nachbarin gehört hat. Der Mörder lässt sie liegen, schleicht nach oben, überfällt Frau Klein, ermordet sie, deckt sie zu und geht wieder nach unten. Mittlerweile hat sich Carola vom Bett erhoben und kriecht Richtung Tür. Das belegen Blutspuren an ihren Knien und auch an den Handinnenflächen. Das Blut stammt von ihr. Er hebt sie hoch, schleift sie zurück und vollendet sein Werk. Mendel denkt, dass er ihr erst die tödlichen Wunden beibrachte und sie dann vergewaltigte. Soviel dazu«, endete Franckh.

Schneider wunderte sich über die betont nüchterne Vortragsweise des jungen Kollegen. Er schaute ihn an und bemerkte,

dass sein Verhalten aufgesetzt war. Jeder wählte eben seinen eigenen Weg, um mit schrecklichen Erlebnissen fertig zu werden.
Er lenkte das Gespräch in eine andere Richtung. »Dieser Fall nimmt mittlerweile Dimensionen an, die wir anfangs nicht erahnen konnten. Wir werden etliche Beamte mehr brauchen und noch enger mit den anderen Dezernaten zusammen arbeiten müssen. Ich habe übrigens im Tagebuch weiter gelesen. Carola berichtet von einer illegalen Abtreibung ihrer Freundin in Wiesbaden. Das Mädchen wäre beinah gestorben. Der Arzt scheint selbst rauschgiftsüchtig gewesen zu sein. Die Eltern sind als Nebenkläger aufgetreten. Ratet mal, wer sie vor Gericht vertreten hat?«
»Frau Klein?«
»Richtig. Also müssen die Akten darauf hin geprüft werden. Der Vorname des Mädchens ist Marisa, den Nachnamen kenne ich leider nicht. Wir sollten erwägen, ob die Tat vielleicht ein Racheakt gewesen sein könnte. Obwohl es mir nicht wahrscheinlich erscheint. Sind die Akten von Frau Klein im Präsidium?«
Franckh bejahte.
»Gut, suchen sie weiter. Zöller, Sie gehen morgen in Carolas Schule und befragen ihre Klassenkameradinnen und Lehrer. Vielleicht gibt es ja da irgendeinen Hinweis. Ich habe morgen mittag einen Termin mit einem Psychiater in der Uni. Pfitzer, Sie bleiben an den Reinigungen dran. Werner, auch wenn es nicht zu Ihren Aufgaben gehört, könnten Sie im Hinblick auf unseren Täter die Akten überprüfen, ob es irgendwelche Übergriffe auf junge Frauen innerhalb der letzten zwei Jahre in deren Wohnungen gegeben hat?«
Werner erklärte sich dazu bereit. »Ich bleibe hier und nehme mir einige Akten vor. Meine Frau hat ihren Bastelabend und vermisst mich nicht.«
»Danke. Dann machen wir Schluss für heute. Ich wünsche einen schönen Feierabend.«

Die Männer verabschiedeten sich.
Schneider beschloss den Vizepräsidenten aufzusuchen. Vielleicht war er ja noch im Hause.
Er hatte Glück. Er traf ihn, gerade als er den Paternoster besteigen wollte. Schneider hielt ihn zurück. »Guten Abend, Herr Wiese.«
»Guten Abend, Schneider. Kommen Sie voran?«
»Ja, aber es gibt so viele neue Spuren, dass wir unbedingt zusätzliche Unterstützung brauchen. Hätten Sie einen Moment Zeit für mich?«
Man merkte Wiese an, dass er lieber nach Hause wollte, aber er hörte die Dringlichkeit in Schneiders Stimme.
»Gut. Aber wir reden nicht hier im Flur, lassen Sie uns an den Kaffeeautomaten gehen, da sind wir ungestörter!«
Sie gingen nebeneinander her, Schneider mit großen ausladenden Schritten, während Wiese Schritt zu halten versuchte. Als beide den Automaten erreicht hatten, stellte Wiese seine Aktentasche ab, legte seinen Mantel über einen schwarzen Bistrostuhl und verschränkte die Arme vor der Brust.
»Also, was gibt es denn so Wichtiges?«
Schneider berichtete von den Überfällen vor zwei Jahren und der Beobachtung der Frau Schenck. »Wir brauchen Unterstützung. Wenn es tatsächlich eine ausgedehnte Spannerszene in Mainz geben sollte, dann müssen wir Beamte von außerhalb einschleusen. Unserer Beamten sind zu bekannt, ein Erfolg wäre gefährdet. Könnten Sie da nicht Ihre Beziehungen spielen lassen?«
Wiese fühlte sich gebauchpinselt. Aber so leicht wollte er dem Drängen Schneiders nicht nachgeben. Am liebsten hätte er ihn auf den Knien gesehen, doch Schneider ließ sich nicht auf dieses Spiel ein. Er war ein Taktiker, der die Schwächen seiner Mitmenschen ausnutzte, wenn es sein musste. Und er hatte einen Trumpf im Ärmel. Als er das Zögern seines Vorgesetzten merkte, war ein solcher Augenblick gekommen.
»Wohnen Sie nicht am Albansberg?«

»Doch sicher, warum fragen Sie?«
»Das liegt am Mainzer Grüngürtel, dort wo sich die Spanner höchstwahrscheinlich aufhalten. Zumindest, wenn man Frau Schenck glauben darf. Außerdem habe ich selbst einen Verdächtigen, der durchaus ein Voyeur sein könnte, am Abend nach dem Mord in diesem Gebiet gesehen. Sie haben doch eine Tochter?«
»Das wissen Sie doch ganz genau. Was bezwecken sie damit? Wollen Sie mich unter Druck setzen?«
»Nein, das liegt mir fern. Ich möchte Sie nur darauf hinweisen, dass sie beobachtet werden könnte. Sie ist doch um die zwanzig und brünett und schlank?«
»Wenn Sie glauben, Sie könnten meine Entscheidungen mit solch vagen Vermutungen beeinflussen, dann irren Sie sich. Ich stelle persönliche Interessen hinter öffentliche Belange. Ich bin nicht der Typ Beamter, der Entscheidungen zu seinen Gunsten fällt. Ich bin der Bevölkerung gegenüber in der Pflicht«, wetterte Wiese.
»Genau darum geht es ja. Wir müssen *alle* Mädchen und Frauen schützen. Ich wollte Ihnen nur deutlich machen, dass jede junge Frau hier in der Stadt betroffen sein könnte.«
Wiese überlegte. Ihm war mulmig. Der Glauben, dass seine Position bei der Polizei seine Familie beschützte, stellte sich plötzlich als Irrtum heraus. Schneider hatte ihn da gepackt, wo es ihn am tiefsten traf. Er liebte seine Tochter abgöttisch. Der Gedanke, dass ein daher gelaufener Perverser seiner Tochter beim Auskleiden zusah und sich so sexuelle Lust verschaffte, bestürzte und ekelte ihn gleicher Maßen. Anderen Männern und Väter ging es sicher ebenso und er wollte gar nicht daran denken, was Frauen empfanden, wenn sie davon erfuhren.
Die Siebziger Jahre hatten eine Welle der sexuellen Befreiung ausgelöst. Frauen gingen ohne BH, in durchsichtigen Oberteilen auf die Straßen, die Röcke waren so kurz, dass sie die Pobacken gerade so bedeckten. Nicht immer löste ein solcher Anblick Wohlgefallen aus. Die Grenzen des guten Geschmacks

und der Ästhetik sind eben fließend. Und nicht jede Frau kannte ihre Grenze.
Die Freigabe der Pornographie spaltete die Nation in zwei Lager. Wiese selbst hatte nie eine Gefahr im Betrachten nackter Körper gesehen, schließlich schien ihm das etwas Natürliches. Aber konnte er von sich auf andere schließen? Er wusste ja gar nicht, was im Kopf und Körper eines Fremden vorging. Was geschah mit einem sexuell gestörten Mann, der seine Vorstellungen nicht ausleben konnte? Konnte es sein, dass das bloße Betrachten von Filmen dieses Verlangen anfänglich stillte, aber eben nicht auf Dauer? Wenn er keine Partnerin fand, könnte er seinen Trieb beherrschen? Oder würde er nach einem geeigneten Opfer suchen, um seine Gier zu befriedigen? War Carola Klein ein solches Opfer gewesen?
Psychologische Untersuchungen von Serientätern waren rar. Er dachte an Haarmann und schauderte.
Bereits vor der sexuellen Revolution hatte es solche Verbrechen gegeben. Es hatten schon immer Menschen existiert, die aus sexuellen Motiven mordeten.
Tatsache war aber, dass Schranken fielen, Hemmungen abgebaut und Tabus gebrochen wurden. Vor einem Jahrzehnt war es undenkbar gewesen, dass Männer und Frauen nackt durch ihre Wohnungen liefen. Seine Großeltern hatten sich noch im Dunkeln geliebt und Frauen sollten möglichst keine Lust dabei empfinden. Inzwischen hatten die Menschen ihre Körper entdeckt und Gefallen daran gefunden.
Er wusste, dass sich seine Tochter entkleidete, ohne die Vorhänge zu schließen. Warum auch nicht? Sie fühlte sich im elterlichen Haus sicher. Aber das hatten Carola und ihre Mutter auch getan, und nun waren sie tot. Vielleicht lag er mit seiner Theorie über einen Beziehungstäter daneben und dieser Kommissar hatte Recht.
All diese Gedanken wirbelten durch Wieses Kopf, er unterdrückte seine persönlichen Ressentiments und fällte eine ad hoc Entscheidung. »Gut, Sie haben mich überzeugt. Ich wer-

de mich noch heute Abend darum kümmern. Morgen früh werden Sie Unterstützung von außerhalb bekommen. Aber ich setze Ihnen eine Frist. Ich will innerhalb einer Woche erste Erfolge sehen. Wenn nicht, werden die Beamten abgezogen. Wir müssen immerhin verantwortlich mit Steuergeldern umgehen. Und nun werde ich gehen. Ich wünsche Ihnen einen schönen Feierabend.«
Schneider bedankte sich und war erleichtert. Er wusste, dass sie auf dem richtigen Weg waren.

Donnerstag, 10. April, 9.00 Uhr, Präsidium
Die Kollegen aus den anderen Städten waren am nächsten Morgen wie versprochen zur Besprechung anwesend: Kriminalobermeister Müller aus Kaiserslautern, Kriminalkommissar Reuther aus Koblenz und aus Bad Kreuznach Kriminalhauptmeister Springer. Alle drei machten sie einen sportlichen, durchtrainierten Eindruck und ihre Unschuldsmienen verrieten nicht, dass sie der Polizei angehörten. Außerdem waren zusätzliche Beamte aus anderen Dezernaten der Mordkommission zugeteilt worden. Das Sondereinsatzkommando umfasste somit fünfzehn Mann.
Nachdem sich alle vorgestellt hatten, begann die Einsatzplanbesprechung. Sie überlegten gemeinsam, wie die Neuen am besten einzuschleusen seien. Ein Kollege von der Sitte gab den entscheidenden Hinweis. Er stand auf und begab sich zum Stadtplan. Er deutete auf einen Punkt, der am Hintereingang der Universitätskliniken lag.
»Gestern Abend haben Kollegen einen Mann beim Spannen erwischt. Da er schon mehrfach bei dieser Aktivität aufgegriffen wurde, war er schnell bereit, mit uns zu kooperieren. Er bestätigte, dass es in Mainz eine regelrechte Spannerbörse gibt, was uns bisher in diesem Ausmaß nicht bekannt war. Der Treffpunkt ist die Bastion Martin. Dort halten sich Lubberer auf und geben sich gegenseitig Informationen. Ich denke, dass hier ein Ansatzpunkt wäre, die Männer einzuschleusen.«

Schneider nickte. »Ich hoffe nur, dass die Spanner nicht misstrauisch werden. Aber das müssen wir eben riskieren.«
Er hatte bemerkt, dass Werner wie auf glühenden Kohlen saß. Um ihn von seinen Qualen zu erlösen, richtete er sein Wort direkt an ihn.
»Nun, Kollege Werner, hat die Durchsicht der Akten etwas ergeben?«
»Das kann man wohl sagen. Letztes Jahr im Juni ist eine junge Studentin in ihrer Wohnung überfallen worden. Sie hatte bereits geschlafen, als ein Fremder sie weckte und zum Geschlechtsverkehr aufforderte. Als sie sich weigerte, wurde er ausfallend und hat mit einem Stein auf ihren Schädel eingeschlagen. Sie konnte noch um Hilfe schreien. Das Mädchen lebte in einer Wohngemeinschaft und zwei Freundinnen kamen ihr zu Hilfe. Als sie das Zimmer betraten, war niemand zu sehen, allerdings stand das Fenster offen. Es geht auf einen Hinterhof und ist recht einfach zu erklimmen. Die junge Frau hat überlebt. Allerdings hat sie eine Teilamnesie und kann sich an den Täter nicht mehr erinnern. Das Interessante an der Sache ist, dass die Wohnung sich am Annaberg befindet, also in Grüngürtelnähe liegt. Außerdem ist die Frau brünett, schlank und war damals erst zwanzig. Sie passt also in das Opferschema. Der Überfall ereignete sich gegen Mitternacht. Ich konnte noch nicht nachprüfen, ob in dieser Nacht Vollmond war. Der Täter hat etwas mitgenommen: das Babydoll des Mädchens.«
»Gute Arbeit. Dieser Vorfall erhärtet unsere These, dass der Täter stetig aggressiver wird. Jetzt haben wir das verbindende Glied. Ich glaube nicht, dass wir noch Zweifel haben müssen.«
Franckh ergriff das Wort. »Könnte es sich um einen Fetischisten handeln, der Nachthemden als eine Art Trophäe mitnimmt? Carola war nackt. Vielleicht hatte sie ebenfalls ein Nachthemd an und er hat es ihr ausgezogen.«

Die Männer grübelten. Dieser Täter war das Sonderbarste, was ihnen in den letzten Jahren widerfahren war.
»Das kann schon möglich sein, aber es ist etwas früh, darüber zu spekulieren, ob Carola ein Babydoll besaß, das jetzt verschwunden ist. Wir müssen Herrn Klein danach fragen«, meinte Zöller.
Die ganze Zeit über beobachtete Schneider einen jungen Mann, der unablässig mitschrieb. Er war ihm nicht bekannt, aber das waren einige der Anwesenden nicht. Langsam ging er zu diesem hin und fragte ihn, warum er mitschreibe. Der junge Mann blickte auf:
»Ich brauche das für meinen Pressebericht.«
Schneider verschlug es die Sprache. »Wollen Sie damit sagen, dass Sie nicht der Polizei angehören?«
»Das habe ich nie behauptet. Ich wollte zur Pressekonferenz und dachte, dass die hier ist. Ich habe mich schon gewundert, dass ich der einzige Reporter zu sein scheine.«
Schneider unterdrückte seine Wut. »Das darf ja wohl nicht wahr sein. Sie sind so blöd oder stellen Sie sich nur so?«
Der junge Mann zuckte hilflos mit den Schultern. »Das ist mein erster Tag beim DARMSTÄDTER ECHO«, entgegnete er.
»Nun gut, passiert ist passiert. Ich verpflichte Sie hiermit zu absolutem Stillschweigen. Nichts was hier gesagt wurde, darf den Raum verlassen. Wenn irgendetwas davon in der Zeitung steht, werden Sie verklagt. Haben Sie das verstanden?«
Der Mann nickte kleinlaut. »Ja, habe ich.«
»Also, dann verlasse ich mich darauf. Jetzt gehen Sie bitte und bestellen Sie Frau Neu einen Gruß von mir. Es war nicht zufällig ihre Idee, dass Sie sich hier einschmuggeln?«
Das Zucken im Gesicht des Reporters verriet Schneider, dass er mit seiner Vermutung ins Schwarze getroffen hatte. »Erinnern Sie Frau Neu an die einstweilige Verfügung. Richten Sie Ihr aus, dass Sie mich jederzeit anrufen kann und dass ich Tricks nicht schätze. Die Pressekonferenz ist übrigens einen Stock tiefer,

merken Sie sich das für die Zukunft. Wenn ich Sie hier nochmals sehe, schmeiße ich sie per Kopf und Arsch hinaus.«
Die Kollegen schauten Schneider überrascht an. Normalerweise pflegte er solche Kraftausdrücke nicht in den Mund zu nehmen.
»So, und nun weiter im Protokoll. Was ist mit der Reinigung?«
»Es handelt sich um Menschenblut, aber es ist leider Blutgruppe null. Wir haben den Besitzer ausfindig gemacht. Er hat sich beim Wechseln seines Reifens verletzt. Seine Verletzungen bestätigen seine Aussage. Also nichts Neues in Sachen blutbefleckter Kleidung. Wieder eine Spur weniger.«
Sie legten die Einsätze fest. Für den Abend war keine Besprechung angesetzt.
Schneider verabschiedete die Männer und brach zu seinem Gespräch mit dem Psychiater auf. Er war gespannt, ob sich seine Vorstellung des Täters mit der Psychologie vereinbaren ließ.

Donnerstag, 10. April 11.00 Uhr, Uniklinik

Schneider ließ sein Auto stehen und ging zu Fuß. Am Kiosk vor dem Hauptportal, unmittelbar neben der Bushaltestelle, stieß er auf Kranke, auf deren Gesichter bestimmte Areale mit Farbe markiert worden waren. Er wusste, dass die Patienten innerhalb dieser Markierungen bestrahlt wurden, um einen todbringenden Tumor in die Schranken zu weisen. Obwohl sie gegen den Tod kämpften, standen sie in kleinen Grüppchen bei einem Bier und Schnaps beisammen und tauschten Krankenhauserfahrungen aus.
Nachdem Schneider das ehrwürdige Portal durchschritten hatte, lenkte er seine Schritte in Richtung Psychiatrie. Der Bau war einer der älteren auf dem Gelände und für die Vielzahl der Patienten viel zu eng. Es wurde darüber nachgedacht ein großes, helles, modernes Gebäude am Fuße der Zahlbacher

Steig zu errichten. Aber wie immer mangelte es an Geld oder einer tatkräftigen Lobby.
Zielstrebig suchte er das Sprechzimmer von Prof. Popp auf. Die Sekretärin bat ihn, sich noch einige Minuten zu gedulden, da der Herr Professor noch im Gespräch mit besorgten Angehörigen sei.
Er nahm Platz und griff nach einer medizinischen Fachzeitschrift. Er versuchte sich auf den Text zu konzentrieren, doch seine Gedanken schweiften immer wieder ab. Schließlich fand Professor Popp Zeit für Schneider.
»Guten Morgen, Hauptkommissar Schneider. Wie geht es Ihnen? Ich hoffe, besser als Sie aussehen.«
Schneider schätzte die forsche Art des Arztes.
»Guten Morgen, Professor Popp. Mir geht es gut. Allerdings habe ich die letzten Nächte kaum schlafen können.«
»Waren Sie wieder mit Ihren Gedanken bei der Arbeit statt sich auszuruhen? Sie müssen endlich lernen zu entspannen, sonst haben Sie mit fünfundvierzig Ihren ersten Herzinfarkt.«
»Ich weiß, das haben Sie mir ja schon oft genug gepredigt. Aber auch Entspannen will gelernt sein und dafür habe ich zumindest momentan keine Zeit.«
»Nun, was kann ich für Sie tun? Möchten Sie etwas trinken?«, fragte er ihn höflich.
»Ja, ein Glas Mineralwasser wäre genau das Richtige.«
Popp orderte zwei Mineralwasser über die Gegensprechanlage. Prompt betrat die Sekretärin mit einer Flasche Wasser und zwei Gläsern den Raum, schenkte ein und verließ ihn geräuschlos. Das Wasser in den Gläsern bitzelte, die marmorner Tischplatte verstärkte das Geräusch. Schneider war von diesem Bild gefangen.
Popp riss ihn aus seinem Gedanken, indem er seine Frage wiederholte.
»Diese Morde sind anders als diejenigen, mit denen ich es bisher zu tun hatte. Vielleicht höre ich mich jetzt etwas seltsam an, aber dieses Verbrechen, vor allem dieser Tatort, sprechen

eine eigene Sprache. Wir haben nur wenige Indizien, wie die Blutgruppe, Haarfarbe und Statur. Das reicht kaum aus, um gezielt zu fahnden. Ich verspreche mir von Ihnen psychologischen Rat, denn das *WIE* der Morde sagt einiges über die Täterpersönlichkeit aus. Zumindest bin ich dieser Meinung, die leider nur wenige Kollegen mit mir teilen. Ich hoffe, dass Sie mir den Täter, zumindest ansatzweise, charakterisieren, damit wir uns damit an die Öffentlichkeit begeben können. Ich denke, dass die Eigenheit eines Verbrechers die *Psychologie* seines Verbrechens bedingt. Ich bin mir nicht sicher, ob Sie das verstehen. Ich hätte gerne eine Art Profil des Täters von Ihnen erstellt.«

Popp schaute ihn interessiert an. »Ich kann Ihren Gedankengängen sehr wohl folgen und bin fasziniert. Vor allem, da Sie in einem so frühen Stadium der Ermittlungen diesen Weg beschreiten. Erzählen Sie mir bitte alles ausführlich, vielleicht kann ich Ihnen dann ein vages ›Täterprofil‹ geben.«

Schneider trank einen Schluck Wasser, räusperte sich und setzte zum Reden an. Zuerst beschrieb er den Tatort, die Art der Morde und teilte Popp die wichtigsten Einzelheiten aus dem Obduktionsbefund mit.

Schneider legte eine Pause ein. Popp nutzte die Gelegenheit und fragte ihn, ob der Täter bereits vorher auffällig geworden war. Er machte sich Notizen während er ihm intensiv zuhörte.

»Ja, wir gehen davon aus, denn Opfertyp, Vorgehensweise, Tatorte und Uhrzeiten decken sich in hohem Maße. Vor zwei Jahren hat es auf offener Straße Überfälle auf zwei junge Frauen gegeben. Beide hatten Glück und konnten ihm entkommen. Er forderte beide zum Geschlechtsverkehr auf und drohte, sie zu töten, wenn sie sich widersetzen sollten.«

»Was genau hat er zu den Frauen gesagt. Gibt es darüber eine Aussage?«, wollte der Arzt genauer wissen.

»Beide Frauen gaben an, dass er ›Auf, lass uns ficken‹ und ›Wenn du nicht tust, was ich dir sage, stech ich dich ab‹ sagte.«
»Und das war vor zwei Jahren?«
»Ja, im April und im Juni, beide Male war es Vollmond.«
»Warum erwähnen Sie den Vollmond? Glauben Sie an einen Werwolf?«, meinte der Arzt scherzhaft.
»Nein, natürlich nicht, aber im weiteren Verlauf erkennen Sie den Zusammenhang.«
»Ist er in der Zwischenzeit aktiv gewesen?«, wollte Popp wissen.
»Davon gehen wir aus. Im Juni letzten Jahres, es war wieder Vollmond, wurde eine junge Frau in ihrem Appartement überfallen. Der Mann drang auf noch ungeklärte Weise in die Wohnung ein und forderte die Frau zum Sex auf. Als sie sich weigerte, schlug er ihr mit einem schweren Gegenstand auf die linke Kopfseite. Er hat sie nicht vergewaltigt. Aber er hat ihr Babydoll mitgenommen.«
Schneider berichtete nun von der Aussage Frau Schencks. Der Arzt lauschte mit zunehmendem Interesse.
»Sie denken, dass zwischen dem Voyeur, den Überfällen, dem tätlichen Angriff im letzten Jahr und dem jetzigen Mord ein direkter Zusammenhang besteht?«
»Davon gehe ich aus und genau aus diesem Grund bin ich hier. Ich möchte, dass Sie meine These erhärten oder entkräften.«
»Warum haben Sie es so eilig? Normalerweise werden Gutachten erstellt, wenn der Täter gefasst und nicht bevor überhaupt ein Verdächtiger in Sicht ist.«
»Ich fürchte, dass es nicht bei diesem Doppelmord bleiben wird.«
Popp rieb sich nachdenklich über sein Kinn. »Sie verlangen viel von mir. Ich soll anhand weniger Fakten, ohne die Person zu kennen, Charakteristika der Psyche ausfindig machen. Ich verliere mich nicht gern in Spekulationen.«

»Ich weiß, dass dies ein ungewöhnlicher Weg ist und ich bin mir nicht sicher, ob er zum Ziel führen wird. Aber wir brauchen irgendwelche Ansatzpunkte. Dieser Mann ist nicht der ›typische‹ Lubberer. Er fällt aus dem Raster. Wir sind zwar dabei, die Mainzer Spannerszene zu überwachen, aber ich glaube nicht, dass es in unserem Fall viel Erfolg bringen wird. Ich halte unseren Täter für einen Einzelgänger. Außerdem ist das hier nur eine inoffizielle Anfrage, zu meiner eigenen Beruhigung sozusagen.«

»Gut, ich wage eine oberflächliche Interpretation. Abweichungen bis zu hundert Prozent sind möglich. Ich will auch nicht, dass das aktenkundig wird. Ich möchte nicht meinen Ruf aufs Spiel setzen.«

Popp klopfte mit dem Bleistift auf den Schreibtisch. Schneider deutete dies als ein Zeichen von innerer Anspannung. Er wusste, dass er den Arzt zu etwas verleitete, das an die Grenzen des beruflichen Ethos stieß.

»Ein Voyeur neigt eher zu defensivem Verhalten. Er will möglichst wenig auffallen, um eine möglichst hohe Ausbeute zu bekommen. Optische und eventuell akustische Reize stimulieren ihn und führen zur Befriedigung seines Sexualtriebes, was nicht bedeutet, dass er immer onanieren muss. Der optische Reiz allein reicht ihm manchmal sogar aus, um einen Orgasmus zu bekommen. Er fordert keine Aufmerksamkeit von den Opfern, wie es etwa Exhibitionisten tun. Er agiert sozusagen im Verborgenen. Aber das sage ich unter Vorbehalt, es gibt nämlich Nichts, was es nicht gibt. Ihr Täter weicht von diesem Bild deutlich ab. Er sucht zielstrebig nach Opfern. Das beweist das gezielte Leuchten mit der Taschenlampe in fremde Wohnungen. Er durchbricht die Hemmschwelle, indem er Frauen anfällt und sogar in ihre Wohnungen eindringt. Seine sexuelle Befriedigung steht eindeutig im Vordergrund und es reicht ihm auf Dauer nicht aus, nur durch bloße Manipulationen zum Höhepunkt zu kommen. Er sucht eine Partnerin, die seine Wünsche befriedigt. Er scheint keine feste sexuelle

Beziehung zu haben, sonst würde er Frauen auf diese Weise nicht belästigen. Das lässt den Schluss zu, dass er emotional gehemmt und kontaktarm ist. Wahrscheinlich ist er ein Einzelgänger, vielleicht lebt er sogar noch bei seinen Eltern. Was mir auch interessant erscheint, ist die Tatsache, dass er beim Betreten des Klein Anwesens seine Schuhe auszog und praktisch keine Spuren hinterließ. Das könnte dafür sprechen, dass er zu Hause ebenfalls die Schuhe auszieht und penibel auf Sauberkeit achtet. Nun zu den Morden selbst. Ich denke, dass er unter großer sexueller Anspannung gehandelt hat, aber dennoch den Bezug zur Realität behielt. Es könnte sein, dass er nach der Tat seine Waffe, sich selbst und seine Kleidung säuberte. Wenn er tatsächlich erst die Tochter angriff und dabei in den Blutfleck trat, dann die Mutter tötete und wieder zur Tochter in den Keller ging, muss die Treppe blutverschmiert gewesen sein. Sie sagten, dass die Putzfrau praktisch kein Blut auf ihr entdeckte?«
Schneider nickte stumm.
»Dann hat er sie gesäubert. Sie können davon ausgehen, dass er sich noch einige Zeit im Haus aufhielt. Vielleicht hat er andere Räume betreten und durchstöbert. Für seinen Ordnungsinn spricht auch, dass er die Mutter zudeckte und die Schlafzimmertür schloss. Das erscheint beinah fürsorglich, als wolle er sich für seine Tat entschuldigen. Er könnte den Mord an der Frau als unabwendbare Notwendigkeit angesehen haben, um an sein Ziel zu gelangen. Unter ›normalen‹ Umständen hätte ihn diese Frau nicht interessiert und er hätte sie wahrscheinlich noch nicht mal wahrgenommen. Sein Interesse galt allein dem Mädchen. Ich spekuliere jetzt, aber das sei mir erlaubt: Vielleicht hätte er die Frauen gar nicht getötet, wenn das Mädchen sich auf ihn eingelassen hätte.«
»Ich denke, jede Frau hätte in dieser Situation so reagiert«, bemerkte Schneider.
»Da stimme ich Ihnen zu.«

»Wie denken Sie über die mitgenommene Nachtwäsche? Ein Kollege äußerte die Vermutung, er könnte außerdem Fetischist sein.«
»Das kann ich weder bejahen noch verneinen. Vielleicht erinnert ihn das mitgenommene Kleidungsstück an die Frau und er kann sich zeitweise Erregung verschaffen, ohne das Haus verlassen zu müssen. Oder er sieht es als Objekt der Macht. Er hat der Frau seinen Willen aufgezwungen und sie dominiert. Aber dazu müsste ich ihn untersuchen.«
»Was sie eben sagten unterstützt meine Theorie. Sie haben mir Einblicke gewährt, die ich nicht so ohne Weiteres allein entdeckt hätte. Denken Sie, dass er wieder zuschlägt?«
»Ich fürchte ja. Auf normalem Wege kann er sich keine Befriedigung mehr verschaffen, also will er sie auf andere Weise.«
»Wie groß wird der Abstand sein?«
»Jetzt verlangen sie von mir, dass ich mutmaße. Wie Sie vorhin sagten, scheint der Vollmond eine starke Faszination auf ihn aus zu üben. Vielleicht schlägt er schon beim kommenden Vollmond zu. Vielleicht auch erst beim nächsten oder übernächsten Mondzyklus. Aber dass er wieder zuschlagen wird, ist ziemlich sicher. Die Tatsache, dass er bei Vollmond die Verbrechen begeht, könnte dahingehend interpretiert werden, dass er entdeckt werden will«, bemerkte der Arzt.
»Es könnte aber auch den profanen Grund haben, dass er sich dann auf fremden Terrain besser zurechtfindet«, entgegnete Schneider lapidar.
»Eben hat der Praktiker aus Ihnen gesprochen.«
»Und aus Ihnen der Analytiker«, scherzte Schneider. »Ich danke Ihnen, dass Sie mir Ihre Zeit geopfert haben. Sie haben mir sehr geholfen.«
»Es war sehr interessant und eine ungewöhnliche Abwechslung. Sehen Sie zu, dass Sie den Kerl schnell erwischen.«
Diese Aufforderung hörte Schneider nun bereits zum zweiten Mal.

Donnerstag, 10. April, 13.15 Uhr

Schneider beschloss im Brauhaus zur Sonne zu Mittag zu essen. Dort gab es regelmäßig Stammessen, das seinen Geldbeutel nicht übermäßig strapazierte und eine willkommene Abwechslung zur Kantinenkost war. Er musste in aller Ruhe über die Aussagen von Popp nachdenken. Über Mainz schwebte ein Damoklesschwert und niemand ahnte etwas davon. Wie sollte er vorgehen? Sollte er über die Presse die jungen Frauen warnen lassen? Aber das würde die Ermittlungen im Spannermilieu zum Erliegen bringen. Er hielt es für sinnvoller, zunächst über die Tätigkeiten der Lubberer Stillschweigen zu wahren. Aber er musste dafür sorgen, dass gerade im Mainzer Grüngürtelbereich die Polizei präsent war. Das Gebiet musste regelmäßig per Streifenwagen und mit Fußstreifen kontrolliert werden. Wenn er an die Sportlichkeit des Lubberers dachte, mussten auch die Beamten körperlich in Bestform sein. Mehr konnte die Polizei momentan nicht tun.
Er hoffte, dass die Aussage von Herrn Klein Licht in das Dunkel bringen würde.

Donnerstag, 10. April, 14.30 Uhr, Präsidium

Schneider nahm das Tagebuch zur Hand. Gegen die mittägliche Müdigkeit hatte er sich ein Tasse Kaffee organisiert. Die Eintragungen im Buch wurden unregelmäßiger. Carola schrieb nur noch sporadisch, Sie beschwerte sich, dass sie in der Schule immer schlechter wurde und keinen Ausweg mehr sah. Sie wollte unbedingt Medizin studieren. Wenn sie aber weiter so absackte, dann würde sie den Numerus Clausus nicht schaffen.

24. Juli 1974

Wir haben Zeugnisse bekommen und es ist eine Katastrophe. Ich bin von einem Schnitt von 1,4 auf 2,3 abgesackt. Ich muss endlich mit den Drogen aufhören. Aber ich fühle mich in letzter Zeit allein gelassen. Marisa wurde von ihren Eltern in ein Internat gesteckt.

Ich glaube nicht, dass ihr das guttut. Es wäre besser, ihre Mutter würde sich mehr mit ihr auseinander setzen, aber die hat nur ihre Figur und die Karriere ihres Mannes im Kopf. Marisa scheint ihr lästig zu sein. Andrea ist immer noch mit ihrem Freund zusammen. Die beiden unternehmen viel und ich will da nicht stören. Bisher ist mir noch nicht der Richtige begegnet, aber momentan will ich keinen Freund. Das mit den Drogen bekomme ich nicht mehr in den Griff. Ich hänge nur noch in der Pinte rum und kiffe. Meinen Eltern ist das mittlerweile nicht verborgen geblieben.

13. August 1974
Wir waren in Rimini an der Riviera in Urlaub. Meinen Eltern haben mit mir geredet. Sie wissen seit einiger Zeit, was mit mir los ist. Jetzt, da wir wieder zu Hause sind, beginne ich eine Therapie bei einem Freund meiner Eltern. Er ist Psychotherapeut und auf Drogenmissbrauch spezialisiert. Er räumt mir große Chancen ein. Er sagt, wenn ich ernsthaft von dem Zeug loskommen will, werde ich es schaffen. Er ist sehr nett.

19. September 1974
Ich glaube, ich fange mich. Ich denke nicht mehr unablässig an Joints und tanze jetzt in einem Fastnachtsballett. Das lenkt mich ab.

November 1974
Meine Noten haben sich stabilisiert. Ich stehe zwar auf 2,6, aber ich sehe, dass es wieder aufwärts geht. Meine Eltern haben Verständnis und ich glaube sie sehen auch erste Erfolge. Marisa ist völlig abgetaucht. Sie ist aus dem Internat abgehauen. Keiner weiß, wo sie gelandet ist. Ihre Mutter bekommt einen hysterischen Anfall nach dem anderen, aber das hat sich diese Ziege selbst zuzuschreiben.

Weihnachten, Dezember 1974
Wir hatten ein sehr harmonisches Weihnachtsfest. Ich habe mich richtig geborgen gefühlt und ich bin froh, dass mich meine Eltern so sehr lieben. Ich schaffe es bestimmt!

Dezember 1974
Marisa ist wieder zu Hause. Sie ist völlig verwahrlost und ausgezehrt vor drei Tagen aufgetaucht. Ihre Eltern haben sie sofort in ein Sanatorium zum Drogenentzug gesteckt. Das liegt am Bodensee. Ich bete für sie, dass sie davon loskommt.

Neujahr 1975
Ich habe in meinem Tagebuch geblättert und gesehen, dass ich auf den Tag genau das erste Mal verliebt war. Heute bin ich es wieder. Er heißt Thomas und ist zwei Jahre älter als ich. Wir haben uns auf der Silvesterparty bei Matthias Mattern kennengelernt. Thomas ist nett, aber er sieht etwas ausgeflippt aus.

14. Januar, 1975
Ich habe es wieder getan, obwohl ich davon loskommen wollte. Ich habe mit Thomas zusammen LSD genommen. Der Trip war noch schlimmer als mein erster. Ich wäre fast gestorben. Thomas hat eingesehen, dass ich das Zeug nicht vertrage. Er hat mir versprochen mich in Zukunft davon abzuhalten. Aber kann das ein Abhängiger für einen anderen tun?

2. Februar 1975
Ich halte mich gut. In den letzten Wochen habe ich nur zweimal gekifft. Mein Therapeut rät mir, mich aus dem Milieu zu entfernen. Aber ich liebe Thomas und kann das nicht. Gestern haben wir das erste Mal zusammen geschlafen. Es war wunderbar. Er war sehr einfühlsam und rücksichtsvoll. Hinterher hatte ich Gewissensbisse, dass ich mich nicht »aufgehoben« habe. Aber es war so schön, dass ich noch viel öfter mit ihm schlafen werde. Aber zunächst besorge ich mir die Pille. Es soll mir nicht so ergehen wie Marisa. Sie war neulich zu Besuch. Sie wird im Sommer eine Ausbildung zum Bankkaufmann beginnen. Hoffentlich hält sie durch.

Fastnacht 1975
Wir hatten sieben verschiedene Auftritt mit unserem Ballett. Es hat riesigen Spaß gemacht, obwohl ich mich in dem luftigen Kostüm etwas unwohl gefühlt habe. Aber unsere Trainerin meint, dass die Männer das gerne sehen. Fastnacht ist noch eine richtige Männerdomäne.

9. März, 1975
Thomas macht mich glücklich. Zwar kifft er noch, aber ich bin seit dem Trip im Januar clean. In der Schule geht es auch wieder bergauf. Aber ich habe ein ungutes Gefühl. Ich spüre, dass ich beobachtet werde. Ich weiß nur nicht von wem.

12. März, 1975
Marisa ist wieder verschwunden! Ich mache mir ernsthafte Sorgen.

31. März 1975
Thomas und ich haben im Gartenhaus geschmust und wollten miteinander schlafen. Ich habe jemand laut und deutlich schnaufen hören. Thomas hat rumgealbert und gesagt, er wäre es gewesen, er hätte seine Erregung nicht mehr unterdrücken können. Wir sind dann ins Haus, aber mir war die Stimmung vergangen. Thomas ist sauer abgezogen.

2. April, 1975
Wenn mir meine Phantasie keinen Streich gespielt hat, war heute ein Mann an meinem Fenster und hat mir beim Ausziehen zugeschaut. Es war irgendwie unheimlich. Er stand da und starrte durch die Scheibe. Er schien überhaupt keine Angst vor Entdeckung zu haben. Als ich die Vorhänge schloss, hat er einen Stein an das Fenster geworfen. Ich habe das Licht ausgemacht, aber er hat nicht aufgehört. Ich wollte schon meine Eltern holen, aber da war er plötzlich verschwunden. Mutter neigt zur Ängstlichkeit, deshalb habe ich nichts gesagt.

4. April, 1975
Vater hat einen Fremden aus unserem Garten verscheucht. Mutter bemerkte ihn und sagte es Vater. Er ging in den Garten. Als er den Mann ansprach, verschwand er blitzschnell über den Gartenzaun. Mutter hat jetzt noch mehr Angst. Vater fährt am Sonntag ins Ausland. Ich hoffe sie dreht nicht durch. Der Typ ist sicher bloß ein harmloser Spinner.

5. April 1975
Vater hat einen Revolver gekauft und Mutter gezeigt, wie sie damit umzugehen hat. Er sucht jeden Abend das Grundstück ab, hat aber niemanden mehr angetroffen. Er konnte Mutter beruhigen.
Allerdings hat er uns eingeschärft alle Fenster und Türen fest zu verschließen, wenn er weg ist.

Hier endete das Tagebuch. Schneider konnte es nicht fassen. Das Mädchen war offenen Auges in seinen Tod gerannt. Die Sorglosigkeit der Jugend, die glaubte die Menschen würden einander nichts Böses tun, hatte sie das Leben gekostet. Es war tragisch und einfältig zugleich. Wenn er in der Situation des Vaters gewesen wäre, hätte er seine Familie bei Bekannten untergebracht. Aber er war eben auch Polizist und Klein nicht.
Während er sinnierte, klingelte das Telefon. Schneider meldete sich und vernahm die Stimme von Frau Neu.
»Guten Tag, Herr Hauptkommissar. Hier spricht Katharina Neu. Ich habe Ihre Grüße von meinem Kollegen erhalten. Herzlichen Dank, dass Sie mir eine solche Unverfrorenheit zutrauen.«
»Guten Tag Frau Neu, sie brauchen gar nicht sarkastisch zu werden. Ihr Auftreten am Abend des Mordes war schon dreist, aber dass Sie das Tagebuch haben mitgehen lassen, grenzt an kriminelle Unverschämtheit. Warum sind Sie also verwundert, dass ich Sie als Drahtzieherin des ›Spionageaktes‹ vermutete? Immerhin bin ich ein Schnüffler, wie Sie es wahr-

scheinlich ausdrücken würden und bin nur meinem Spürsinn gefolgt.«

»Sie sind ja nur sauer, weil Sie und ihre Sonderkommission sich ziemlich lächerlich gemacht haben. Ihr männliches Ego ist angekratzt.«

Schneider unterdrückte ein Stöhnen. Nicht nur, dass diese Person impertinent war, nein, sie musste auch noch eine Emanze sein. Er hatte mit seiner anfänglichen Vermutung, dass sie ihm Ärger machen würde, richtig gelegen.

»Ich denke viel eher, dass Ihre weibliche Intuition Sie getäuscht hat. Sie dachten, wer ein Mal einen Fehler macht, lässt sich auch beim zweiten Mal aufs Glatteis führen. Und nun sind Sie frustriert, weil Sie mich nicht hinters Licht führen konnten. Ich denke wir sind quitt.«

Am anderen Ende herrschte Schweigen. Schneider hatte gehört, wie sie beim »frustriert« geschnauft hatte. Er wusste, dass Frauen ihres Kalibers, dieses Wort aus ihrem Sprach- und Erfahrungsschatz verbannt hatten. Das war der Grund, warum er es benutzt hatte.

»Ich bin *nicht* frustriert. Sie können mich gar nicht frustrieren. Und ich lasse mich auch nicht provozieren.«

»Gut, dann wäre das geklärt. Warum rufen Sie mich an? Sicher nicht um Ihrem Ärger Luft zu machen.«

»Sie können es nicht lassen, oder?«

»Doch, ich bin jetzt brav.«

»Ich will wissen, ob es etwas wirklich Neues gibt.«

»Wir geben gegen 18.00 Uhr eine Pressekonferenz, an der können Sie gern teilnehmen. Mehr kann und vor allem darf ich Ihnen nicht sagen. Ich hoffe sehr, dass sich Ihr Kollege an sein Ehrenwort hält. Denken Sie an die einstweilige Verfügung.«

»Ja, ich weiß. Aber ich dachte, ich könnte es ja mal versuchen. Und Sie wollen mir wirklich nichts sagen?«

»Nein. Haben Sie das Tagebuch des Mädchens gelesen?«

Sie zögerte einen Moment. Sie ahnte, dass man bei ihm mit der Wahrheit am weitesten kam.

»Ja, habe ich. Das war zum Teil ganz schön heftig. Denken Sie, dass der Spanner der Mörder ist?«
»Normalerweise schauen Spanner nur zu. Aber wer kann in einen Menschen schon hineinschauen. Ich weiß nicht, ob er der Täter ist. Wir gehen jeder, wirklich jeder Spur nach. Wir sind nach allen Seiten offen und ermitteln in alle Richtungen. Das können Sie von mir aus schreiben. Mehr Informationen erhalten Sie von mir nicht.«
»Das habe ich mir schon gedacht. Aber Sie können mir nicht verbieten, auf eigene Faust zu recherchieren. Auf Wiederhören.«
Ehe Schneider ihr etwas erwidern konnte, hatte sie aufgelegt.
Er suchte den Vizepräsidenten auf, um sich für die schnelle Unterstützung zu bedanken. Wiese versuchte seine Genugtuung zu unterdrücken, was ihm nur schwerlich gelang.
»Haben Sie etwas Neues in Erfahrung gebracht?«, fragte er Schneider.
»Ich habe das Tagebuch gelesen. Das Mädchen fühlte sich die letzten vier Wochen beobachtet. Sie schildert auch, wie ein Mann ihr beim Ausziehen zugeschaut hat.«
»Und sie hat das keinem gesagt? Wie unglaublich leichtsinnig!«, erwiderte Wiese erstaunt.
»Ja. Es ist nicht zu fassen. Zumal ihr Vater in der Woche, bevor er abreiste, einen Mann aus dem Garten verscheuchte. Aber sind wir mal ehrlich. In unserer Stadt hat es noch niemals ein solches Verbrechen gegeben. Keiner hätte damit gerechnet. Die Menschen waren nicht sensibilisiert«, meinte der Hauptkommissar.
»Jetzt sind sie es hoffentlich. Ich auf alle Fälle werde mit meiner Familie darüber reden. Natürlich unter Berücksichtigung des Dienstgeheimnisses. Was werden Sie als nächstes tun?«
»Wir müssen einige Tage abwarten, was die Kollegen bei den Lubberern herausfinden. Auf dieses Milieu konzentrieren wir momentan unsere Ermittlungen. Außerdem knöpfe ich mir

den Freund noch einmal vor. Und ich bin gespannt, was Herr Klein uns zu sagen hat. Übrigens hat Brückner angerufen, der Flug hat wegen Bombenwarnung Verspätung. Sie kehren einen Tag später zurück.«
»Das kann doch wohl nicht wahr sein. Gibt es sonst noch etwas?«
»Nein, nichts von Wichtigkeit.«
»Gut, Sie wissen, dass ich morgen nicht da bin. Ich habe einen Auswärtstermin. Am Montag ist dann der Polizeipräsident wieder im Dienst. Ich wünsche Ihnen viel Erfolg und ein schönes Wochenende.«
Schneider verabschiedete sich. Für heute gab es nichts mehr zu tun. Er war zum Abwarten verdammt, aber er käme wenigstens einmal vor 18.00 Uhr nach Hause.

Freitag, 11. April. 7.30 Uhr, Schneiders Zuhause

Schneider saß am Frühstückstisch und las die Zeitung. Auf der Titelseite prangten die Fotos der ermordeten Frauen, mit dem Hinweis, dass unter *»Regionales«* Genaueres über das Verbrechen zu erfahren sei.
Es gab kaum neue Informationen über den Stand der Ermittlungen. Die Presse beleuchtete das persönliche Umfeld der Toten und scheute sich nicht, intime Details preiszugeben. Der Journalist vermutete, dass die Frauen einem Racheakt zum Opfer gefallen seien. Er berichtete, dass Frau Klein als Anwältin in der Vergangenheit die Verurteilung eines Arztes erreicht hatte, worauf dieser sich in seiner Zelle erhängte. Das bot Raum für Spekulationen. Vielleicht wollte ein Familienangehöriger den Tod des Mannes rächen? Aber auch die Drogenerfahrungen der Tochter standen im Mittelpunkt des Interesses. Hatte sie aussteigen wollen und ein Dealer sie aus Angst vor Preisgabe getötet?
In Schneider stieg Wut hoch. Woher wusste die Presse von dem Arzt und dessen Suizid? Das war auch für ihn neu. Diese wilden Spekulationen boten allerdings den Vorteil, dass noch

kein Reporter auf die Idee gekommen war, unter den Voyeuren nach dem Täter zu suchen.

Freitag, 11. April, 9.30 Uhr, Präsidium

Die Beamten, die die halbe Nacht im Einsatz gewesen waren, hingen schlaff in ihren Stühlen. Als Schneider den Raum betrat, strafften sie ihre Körper, streckten die Arme nach oben und gähnten herzhaft, um Sauerstoff in ihren Kreislauf zu pumpen.

Sie hatten keinerlei Probleme gehabt, sich einzuschleichen. Durch einen V-Mann hatten sie einen Namen bekommen, der in der Szene als Referenz galt. So waren sie nach Einbruch der Dämmerung zum Treffpunkt gegangen und hatten erste Kontakte geknüpft.

Männer jeglichen Alters, vom Teenager bis zum Senior, hatten sich im Schatten der Mauer versammelt. Über ihren Köpfen auf einem Türbogen verharrte Sankt Martin reglos in Reiterpose und blickte stumm auf das Treiben zu seinen Füßen.

Die Neuankömmlinge wurden in die Gepflogenheiten eingeweiht. Ein älterer Mann, anscheinend der Wortführer, erklärte ihnen, wie die Gebiete aufgeteilt waren und dass jeder sein festgelegtes Areal hatte. Da die Neuen keine Ortskenntnisse besaßen, wurden sie von anderen mitgenommen.

Die Männer verhielten sich unauffällig, wirkten wie biedere Ehemänner auf dem Nachhauseweg oder wie verliebte Jünglinge, die sich zu ihrer Liebsten begaben.

Kamen sie in die Nähe eines begehrten Objektes, wurde das Gelände gründlich gemustert. Sie prüften, ob die Nachbarschaft ruhig war und ob in dem Haus Licht brannte. Herrschte Dunkelheit gingen sie weiter, bis sie fündig wurden.

Im Laufe der Nacht sammelten die Beamten neue Erfahrungen. Die Spanner zeigten keine Scheu beim Betreten fremder Grundstücke, ihre Ortskenntnisse waren verblüffend, ihre Orientierung im Dunkeln faszinierend. Nur selten kamen

Taschenlampen zum Einsatz, da die Männer die Entdeckung fürchteten.
Die Zimmer der Opfer lagen im Souterrain oder im Parterre. Versperrte ein Rolladen die Sicht, wurde er sacht mit einem Stemmeisen gespreizt und mit einem Holzkeil in Position gehalten.
Die Polizisten erfuhren, dass die Reviere untereinander gehandelt wurden, denn auch ein Lubberer liebt die Abwechslung. Für jeden Spanner gab es den von ihm bevorzugten Frauentyp und die Männer berichteten von lohnenden Neuzugängen. Fiel ihre Aktivität auf, wurde der Lubberer aus seinem Stammgebiet abgezogen und erhielt ein neues. Besonders beliebt war der Mainzer Grüngürtel um den Volkspark, den Rosengarten, die Uniklinik bis hin nach Zahlbach, Bretzenheim und Weisenau. Aber auch der Hartenberg und Gonsenheim blieben nicht verschont. Besonders begehrt waren Gegenden, in denen junge Studentinnen oder Schülerinnen wohnten. Denn die Mädchen zeigten keine Scheu beim Entkleiden, schlossen selten Vorhänge oder Rollläden, denn sie fühlten sich sicher und unbeobachtet. In diesen Wohngebieten herrschte bei Nacht regerer Betrieb als am Tage.
Die Hauptzeit für voyeuristische Tätigkeiten war natürlich stark von den Jahreszeiten abhängig. Im Sommer konnten sie erst nach Einbruch der Dunkelheit losziehen und auch der Winter hatte seine Tücken. Aber selbst wenn es eisigkalt war, harrten die Männer lange aus. In der Regel spannten sie bis gegen 3.00 Uhr oder 4.00 Uhr morgens.
Da die letzte Nacht sehr mild gewesen war und es nicht geregnet hatte, kamen die Polizisten nicht vor 4.00 Uhr morgens nach Hause und waren dementsprechend müde.
Schneider hörten sich ihren Bericht an, trug ihnen auf, das Wochenende weiterzumachen und schickte sie zum Schlafen in ihr Hotel.
»Wir warten bis zum Sonntag ab. Dann werden die Spanner verhaftet. Die Bereitschaftspolizei ist informiert. Sie sprechen

sich am Besten mit den Kollegen ab, wann und wo die Zugriffe erfolgen sollen. Vielleicht haben Sie aber auch Glück und treffen auf unseren Mann. Seien Sie also wachsam.«
Die Kollegen verabschiedeten sich, die Besprechung ging weiter.
Schneider übernahm. »Das Gespräch mit Professor Popp hat uns ein Stück weiter gebracht. Er hält es nicht für ausgeschlossen, dass unser Täter triebhaft handelt. Er kann ebenfalls nicht ausschließen, dass er wieder töten wird. Ihr seht, die Zeit drängt. Es muss bei allen psychiatrischen Kliniken im größeren Umkreis angefragt werden, ob ein Mann mit solchen Neigungen in Behandlung war«, trug Schneider auf.
»Brückner hat angerufen. Sie sind gegen 7.00 Uhr unserer Zeit in New York gelandet und suchen Herrn Klein auf. Sie überprüfen sein Alibi und befragen ihn dann. Der Rückflug ist auf Sonntagabend verlegt, so dass sie am Montag direkt hierher kommen«, berichtete Zöller.
Schneider zog sich der Magen zusammen, als er an die bevorstehende Befragung dachte. Er hoffte, Herr Klein konnte mit seiner Trauer umgehen. Am schlimmsten würde sicherlich die Tatortbegehung werden. Auf ihn wartete keine leichte Aufgabe. Da die Identifikation der Opfer bereits erfolgt war, blieb ihm wenigstens der Gang in die Gerichtsmedizin erspart.

Sonntag 13. April, 15.45 Uhr, Stadtpark

Schneider und seine Familie unternahmen einen Sonntagsspaziergang durch die Mainzer Grünanlagen. Das Wetter war erstaunlich angenehm für April. In den Rabatten zeigten sich Narzissen, frühe Tulpen, Stiefmütterchen und Traubenhyazinthen. Die ersten Schachspieler maßen im Rosengarten ihr Können, von interessierten Zuschauern beobachtet.
Sie folgten dem gewundenen Weg, vorbei an hohen Bäumen und blühenden Sträuchern. Schneider warf einen Blick auf das blaue Band des Rheins und schob die Gedanken an das Verbrechen weit von sich. Seine älteste Tochter Petra maulte,

sie verspürte wenig Lust mit ihren Eltern eine »langweilige Eltern-Beschäftigungs-Tour«, wie sie sich ausdrückte, zu unternehmen. Alexandra konnte sich noch für die Papageien und exotischen Vögel im Vogelhaus oder die bunten Fische und trägen Echsen im Palmenhaus begeistern und bestand darauf hineinzugehen. Petras Laune sank auf den Nullpunkt.
»Jetzt fehlt nur noch, dass wir mit der Bimmelbahn fahren!«
Ihre Mutter besänftigte sie. »Keine Angst, davor bleibst du verschont. Ihr könnt euch aber an dem Kiosk bei der Rollschuhbahn ein Softeis kaufen.«
Schneiders eigentliches Ziel aber war das Anwesen der Kleins. Er wollte es an einem Sonntag, bei Tageslicht im Kreise seiner Familie begutachten. Dorthin lenkte er seine Schritte.
»Wie lange soll dieser Scheiß-Spaziergang denn noch dauern?«, schimpfte seine Älteste.
»Drück dich bitte nicht so vulgär aus«, tadelte sie ihre Mutter. »Wie ich deinen Vater kenne, will er zu dem Haus, wo die Morde stattgefunden haben. Stimmt es?«
Dabei warf sie ihm einen fragenden Seitenblick zu. Das Zucken im Gesicht ihres Mannes verriet ihr, dass sie mit ihrer Vermutung richtig lag.
Schneider seufzte, seine Schritte wurden immer ausladender, bis seine jüngste Tochter außer Puste stehenblieb und ihn bat, langsamer zu gehen.
»Wenn du weiter so rast, bleibe ich hier sitzen und warte bis ihr wieder kommt.«
Schneider drosselte sein Tempo. Je näher sie dem Haus kamen, um so mehr Menschen trafen sie an. Alle schienen die gleiche Richtung einzuschlagen, wie von einem unsichtbaren Magneten angezogen. Alle verließen den Park und lenkten ihre Schritte in das nahe gelegene Wohnviertel.
»Ist hier irgendwo ein Fest?«, fragte ihn seine Frau.
»Ich glaube, ich kenne den Grund. Die pilgern alle zum Anwesen Klein und begaffen den Tatort«, spielte sich Petra auf. »Viel-

leicht hoffen sie, dass der Mörder zum Tatort zurückkommt und wollen einen Blick auf ihn erhaschen.«

»Rede nicht solchen Unsinn«, entgegnete ihr Schneider.

»Ach, übrigens, die Tote war auf meiner Schule. Man munkelt, dass sie zeitweise mit recht zwielichtigen Typen rumgehangen hat. Waren das Dealer?«

»Sei nicht so neugierig«, fuhr er sie an, und dann in etwas milderem Tonfall. »Hast du noch mehr über sie erfahren?«

»Nein. Sie war immerhin drei Klassen höher als ich und ich hab es auch nur aus der Gerüchteküche. Ich kann mich also nicht dafür verbürgen.«

Inzwischen waren sie am Grundstück angelangt. Dicht gedrängt standen die Menschen am Zaun und glotzten ungeniert hinein.

Schneider spürte wie Zorn in ihm hochstieg. Nichts regte die Sensationsgier der Menschen so an wie das Unglück anderer. Sie schienen sich daran zu ergötzen, ohne Rücksicht auf die Gefühle der Betroffenen.

Ab Montag würde er zwei Schutzpolizisten abstellen, um Herrn Klein die neugierige Meute vom Hals zu halten.

»Kommt wir gehen, bevor ich ausfallend werde«, forderte er seine Familie auf.

»Und dafür mussten wir so weit laufen, nur um auf ein blödes Haus zu starren?«, stöhnte Alexandra. »Die Erwachsenen werde ich wohl nie verstehen.«

Montag 14. April, 8.00 Uhr Polizeipräsidium

Schneider ging schnurstracks zum Polizeipräsidenten. Dieser machte sich gerade mit den Ermittlungen vertraut. Er war froh, dass er die Einzelheiten nun statt aus den Akten, direkt aus Schneiders Mund erfahren würde. Mit ihm kooperierte Schneider im Gegensatz zum Vize gut. Das gegenseitige Verständnis sorgte für ein gutes Klima innerhalb der Polizei und war mitverantwortlich, dass die Aufklärungsrate der Mordkommission hoch lag.

»Guten Morgen, Schneider. Da haben wir aber einen schönen Schlamassel am Hals.«
»Guten Morgen, Dr. Weber. Das kann man wohl sagen. Sie haben sich sicherlich einen ruhigeren Arbeitsbeginn nach dem Urlaub vorgestellt?«
»Tja, das Leben hält ständig aufregende Neuigkeiten parat. Nun berichten Sie mir bitte.«
Schneider berichtete ausführlich. Die Sekretärin brachte belegte Brötchen und Kaffee. Nach knapp zwei Stunden endete er mit seinem Bericht. Weber dachte einige Minuten nach.
»So einen komplexen Fall gab es in Mainz seit langem nicht mehr.«
»Ja, um aber effektiv ermitteln zu können, brauchen wir mehr Beamte. Es ist sinnvoll, dass in den betroffenen Gebieten vermehrt Polizeistreifen eingesetzt werden. Deshalb bitte ich Sie, Ihren Einfluss beim Ministerium geltend zu machen, damit das Sondereinsatzkommando personell aufgestockt werden kann. Die Kollegen werden leider mehr Dienst tun müssen. Ich weiß, das kostet wieder Steuergelder, aber Menschenleben sind wichtiger.«
»Der Innenminister wird sicherlich stöhnen, aber ich sehe die Notwendigkeit ein. Ich werde mir einige überzeugende Argumente zurecht legen. Und Sie denken, dass er wieder morden wird?«
»Ja, Professor Popp kann es ebenfalls nicht ausschließen. Er ist wie ich der Überzeugung, dass der Täter triebhaft handelt und sein Verlangen nur schwer unter Kontrolle halten kann.«
»Das ist sicher ein gutes Argument. Und wann wird er Ihrer Meinung nach wieder zuschlagen?«
»Vorausgesetzt, alle Übergriffe, die wir mit ihm in Zusammenhang bringen, sind auch von ihm begangen worden, dann schätze ich, dass er beim nächsten Vollmond wieder aktiv wird. Ich fürchte, die Abstände verkürzen sich, jetzt, da er Erfolg hatte.«
»Also in drei Wochen«, murmelte der Polizeipräsident.

»Es bleibt natürlich ein Restrisiko, dass ich mich irre. Ich wäre sogar froh, wenn dies der Fall wäre; aber ich fürchte, ich liege mit meiner Einschätzung richtig.«
»Gut, ich werde mein Möglichstes versuchen. Für die Dauer von drei Wochen werden mehr Beamte zur Verfügung stehen. Falls er dann tatsächlich wieder tötet, wird die Mordkommission sowieso über längere Zeit verstärkt werden müssen. Wie gehen die Ermittlungen weiter?«
»Die Kollegen haben gestern Nacht Spanner verhaftet. Ich habe sie aber bisher noch nicht sprechen können, weil ich zuerst zu Ihnen gekommen bin. Ich vermute, dass die Befragungen bereits auf Hochtouren laufen. Wir versprechen uns Hinweise auf unseren Lubberer. Ich werde Sie im Laufe des Nachmittags informieren.«

Die Kollegen stöhnten unter der großen Zahl der Verhaftungen. In der vergangenen Nacht hatte die Polizei 81 Spanner festgenommen. Das Einzugsgebiet schien immens, manche waren aus Frankfurt, Worms und Koblenz angereist. Es schien, als wäre das »Goldene Mainz« die erste Adresse für Voyeure. Allerdings konnte die Stadt auf *diese* Art von Tourismus liebend gerne verzichten.
Bisher waren nur alle Personalien aufgenommen und ein Drittel der Spanner befragt worden. Sie würden den ganzen Tag damit zubringen, Auffälligkeiten in deren Verhalten zu eruieren. Die Männer entsprachen durchweg dem gängigen Bild eines harmlosen Lubberers. Keinem war ein Mann bekannt, der mit einer Taschenlampe in Zimmer leuchtete. Übereinstimmend zeigten sie Entrüstung, einen solchen Kerl hätten sie umgehend aus ihrer Gemeinschaft ausgeschlossen. Nichts wollten sie weniger als die Aufmerksamkeit der Öffentlichkeit.
Es war frustrierend. Schneider ahnte, dass keiner der Verhafteten Hinweise auf den Täter geben konnten. Sie mussten einen

anderen Weg finden, um an diese Information zu kommen. Nur welchen?

Der Mörder schien weiterhin ein konturloses Phantom zu bleiben. Lediglich die Theorie des Einzelgängers schien bestätigt. Aber das spendete Schneider nur wenig Trost.

Er begab sich in sein Zimmer, denn bald würden Brückner und Schmidt aus USA zurück sein. Keine zehn Minuten später klopfte es. In ihrer Begleitung befand sich ein schlanker Mann, Mitte fünfzig, von gepflegtem Äußerem. Es handelte sich dabei zweifellos um Herrn Klein. Schneider erkannte auf den ersten Blick, wie erschüttert er war. Das klare Weiß der Augen war rötlich verfärbt, ob von Tränen oder von Müdigkeit konnte er nicht feststellen. Momentan erschien Herr Klein gefasst. Aber Schneider wusste wie schnell ein Mensch unter solcher Anspannung die Kontrolle über seine Gefühle verlieren konnte. Er taxierte ihn eingehend und bemerkte wie dessen Hände zitterten.

Schneider bat ihn Platz zu nehmen. Er ging mit Brückner und Schmidt vor die Tür.

»Haben Sie das Alibi überprüft?«

»Ja, alles in Ordnung. Es gibt keine Lücken. Als er vom Tod erfuhr, ist er praktisch zusammengebrochen. Wir mussten einen Arzt herbeizitieren, damit er ihm Beruhigungsmittel geben konnte. Das war schwierig, denn unser Englisch ist nicht besonders. Er wollte sofort zurück nach Deutschland und sagte alle anstehenden Termine ab. Während des Fluges hat er kaum etwas gesprochen und weder gegessen noch getrunken. Es wäre vielleicht gut, wenn er etwas zur Stärkung bekäme«, berichtete Brückner.

»Gut. Könnten Sie noch schnell Kaffee und Brötchen aus der Kantine besorgen?«

Brückner nickte. Schmidt wollte wissen, ob Schneider sie zur Befragung brauchte. Er verneinte. »Sie können dann beide nach Hause gehen und ausschlafen. Um 17.00 Uhr ist Besprechung, bei der Sie bitte anwesend sind. Haben Sie ihre Notizen da?«

Schmidt überreicht ihm seinen Notizblock. »Ich hoffe, Sie können es entziffern.«

»Wenn nicht, ist das auch nicht so schlimm. Vielen Dank.«

Schneider schluckte bevor er das Zimmer betrat. Er stellte sich kurz vor und begann dann das Gespräch.

»Sie entschuldigen bitte die Verzögerung, aber ich musste kurz mit meinen Kollegen reden und wollte Sie damit nicht belästigen. Möchten Sie etwas essen oder trinken?«

Herr Klein starrte ihn an. Er rieb sich über die müden Augen, wobei seine Hände zitterten.

»Soll ich Ihnen ein Arzt rufen?«, fragte der Hauptkommissar fürsorglich.

»Nein, nicht nötig. Ich habe noch Beruhigungsmittel. Aber eine Tasse Kaffee und eine Kleinigkeit zu essen, schlage ich nicht aus.«

»Der Kollege bringt Ihnen gleich etwas.«

Schneider zögerte, mit der Befragung zu beginnen, doch Klein ergriff die Initiative.

»Bin ich als Zeuge oder als Verdächtiger hier?«, wollte er wissen.

»Natürlich als Zeuge. Haben Sie die Vermutung, dass wir Sie für den Mörder halten?«

»Ich bin mir nicht sicher. Ihre Kollegen haben intensiv mein Alibi überprüft.«

»Das ist reine Routine. Das tut die Polizei immer bei Kapitalverbrechen. In letzter Zeit gab es vermehrt Familientragödien, bei denen Männer ihre ganze Familie auslöschten und anschließend Selbstmord begingen. Meistens ereigneten sich diese Vorfälle am Wochenende. Sie sehen sicher ein, dass wir deshalb in diese Richtung ermitteln.«

»Ja, das verstehe ich«, entgegnete ihm Klein.

Brückner brachte Kaffee und ein Frikadellenbrötchen.

Klein bedankte sich und aß. Schneider nutzte die kurze Pause und las die Notizen von Schmidt. Als Klein das Brötchen aufgegessen hatte, setzte Schneider das Gespräch fort.

»Wir können Ihnen die Identifizierung ersparen. Das hat Thomas Kayser übernommen. Da wir sie nicht ausfindig machen konnten und uns keine Verwandten bekannt waren, haben wir ihn darum gebeten. Er ist zwar kein Verwandter, aber er war mit ihrer Tochter eng befreundet. Immerhin hatte er einen Haustürschlüssel. Sie können aber ihre Frau und Tochter jederzeit sehen.«

»Ich wusste nicht, dass er einen Schlüssel hat.«

»Das war wohl die Idee der beiden jungen Leute. Halten Sie ihn für fähig, eine solche Tat zu begehen?«, wollte der Hauptkommissar wissen.

»Wissen Sie, ich kenne ihn kaum. In meinem Beruf muss man vorsichtig sein und Menschen auf den ersten Blick einschätzen können. Sie sind oft nicht das, was sie vorgeben. Aber Thomas scheint mir ein netter, junger Mann zu sein. Auch wenn ich glaube, dass er Drogen nimmt. Meine Tochter hatte übrigens auch ein Drogenproblem. Sie war deshalb in Behandlung. Ihr Psychotherapeut meinte aber, dass sie es schaffen könnte, davon loszukommen. Voraussetzung wäre, dass sie sich von ihren alten Freunden löst.«

»Wäre es denkbar, dass sie sich aus diesem Grund von Thomas trennen wollte und er eifersüchtig reagierte?«

»Ich glaube nicht. Sie hat sich zumindest dahingehend nicht geäußert.«

»Könnte es sein, dass jemand aus dem Drogenmilieu Angst vor Entdeckung hatte und sie deshalb zum Schweigen bringen wollte?«

»Herr Schneider, meine Frau und ich haben vor mehreren Monaten entdeckt, dass unsere Tochter gelegentlich Hasch oder Marihuana rauchte. Sie gestand uns auch zweimal LSD genommen zu haben. Sie war also keine besonders große Ab-

nehmerin von Drogen. Glauben Sie ernsthaft, das sei für einen Dealer ein ausreichender Grund zwei Menschen zu töten?«
Schneider schwieg. Er kannte die Menschen gut genug, um zu wissen, dass schon aus geringeren Motiven gemordet worden war.
»Könnte es ein Racheakt gegen Ihre Frau gewesen sein? Hat sie jemanden verteidigt und das nicht zur Zufriedenheit des Mandanten getan? Oder hat sie jemanden ins Gefängnis gebracht?«
»Meine Frau hat nur wenig über ihre Klientel gesprochen. Spielen Sie auf etwas Bestimmtes an?«
Schneider berichtete, dass sie das Tagebuch von Carola gefunden hatten. Er erzählte von der Abtreibung und der Verhaftung des Arztes. »Käme ein Angehöriger des Arztes in Betracht, oder der Arzt selbst?«
»Soweit ich mich erinnern kann, war der Mann ohne Familie und er hat während einer Entziehungskur oder der Untersuchungshaft Suizid begangen.«
Schneider seufzte. »Könnte die Tat gegen Sie persönlich gerichtet gewesen sein?«
»Nein. Zu dieser Vermutung besteht keine Veranlassung«, antwortete er ohne Zögern. »Ich halte das für ausgeschlossen. Meine berufliche Tätigkeit ist diplomatischer Natur. Ich bin für keinen Geheimdienst oder ähnliches tätig. Ich vermittle in Wirtschaftsausschüssen und bin Referent für wirtschaftliche Zusammenarbeit, überwiegend mit südamerikanischen Ländern.«
Herr Klein wischte sich wieder über die Augen. Diese Geste drückte schmerzliche Einsamkeit aus und Schneiders Herz zog sich zusammen. Wahrscheinlich sehnte sich Klein nach den Armen seiner Frau. Obwohl er die Trauer des Anderen akzeptierte und ihm gerne Zeit gegeben hätte, den Schmerz zu verarbeiten, musste er mit der Befragung fortfahren.
»Ich habe mich bisher noch nicht gewagt zu fragen, wie meine Frau und Tochter ermordet wurden. Ich wollte erst meine

Gedanken ordnen und Fassung gewinnen. Aber es gelingt mir nicht. Ich kann diese Ungewissheit nicht länger ertragen. Bitte, sagen sie mir, mussten sie sehr leiden?«
Schneider wusste, dass er ihn nicht anlügen konnte. Irgendwann würde er doch die ganze Wahrheit erfahren, spätestens, wenn er die Zeitungen der letzten Woche las. Also versuchte er so sachlich wie möglich, die Verbrechen zu schildern.
Kleins Körperhaltung verkrampfte sich immer mehr. Als die Rede auf seine Tochter kam, unterdrückte er mühsam einen Wutschrei.
Schneider fragte, ob er nicht doch einen Arzt benötigte. Aber er lehnte ab. Der Hauptkommissar ließ ihm Zeit, das Gehörte zu verarbeiten. Klein kämpfte schwer gegen die Tränen an. Seine Hände ballte er zu Fäusten, so dass die Knöchel weiß hervortraten. Er fragte nicht, warum ein Mensch etwas so Grausames tun konnte, denn er wusste selbst, dass es darauf keine rationale Antwort gab.
»Ist die Obduktion bereits abgeschlossen?«
»Ja, wenn sie möchten können sie die Beiden sehen.«
»Ich weiß nicht, ob ich das heute schon kann. Darüber muss ich erst nachdenken. Ich möchte sie vielleicht lieber so in Erinnerung behalten wie sie zu Lebzeiten waren. Muss ich das sofort entscheiden?«
»Nein, lassen Sie sich Zeit.«
»Wie geht es eigentlich Thomas?«, lenkte Klein von seiner Verzweiflung ab.
»Er war sehr geschockt. Ich habe ihn vor einigen Tagen gesehen. Da hatte er sich gefangen. Aber die jungen Leute sind bezüglich ihrer Gefühle schwer einzuschätzen.«
Schneider fuhr mit der Befragung fort. »Ist Ihnen in den vergangenen Tagen oder Wochen etwas Ungewöhnliches an ihrer Tochter oder in ihrem Umfeld aufgefallen?«
Klein knetete seine Hände und dachte konzentriert nach.
»Ja. Meine Frau und ich saßen vor ungefähr zehn Tagen in unserem Esszimmer. Plötzlich bemerkte sie durch die Glas-

bausteine einen Schatten auf unserem Rasen. Ich bin sofort ins Freie gegangen und habe nachgeschaut. Da stand ein junger, schlanker Mann oberhalb des Souterrainfensters und starrte hemmungslos hinein. Er stand im Lichtkegel und schien mir erregt, aber Carola nahm keine Notiz von ihm. Als ich ihn ansprach, sprang er über den Maschendrahtzaun und flüchtete. Meine Frau war aufgebracht, denn sie glaubte, schon öfter eine Gestalt in unserem Garten gesehen zu haben. Ich habe sie beruhigt und gesagt, es sei sicherlich nur ein harmloser Spanner. Wir beschlossen Carola zunächst nichts zu sagen, sondern wollten sie bewegen wieder in den ersten Stock zu ziehen. Doch sie weigerte sich. Zwei Tage später war der Kerl wieder da. Ich nahm meinen Revolver und warnte ihn, dass ich das nächste Mal die Polizei informieren oder auf ihn schießen würde. Aber da war er schon wieder wie der Blitz verschwunden.«

»Haben sie es Carola erzählt?«

»Ja. Und er war ihr auch schon ein Mal aufgefallen. Sie wollte nur nichts sagen, um meine Frau nicht unnötig zu ängstigen. Ich bat sie, den Laden zu schließen. Meiner Frau erklärte ich, wie der Revolver funktioniert und schärfte ihr ein, alle Fenster und Türen fest zu verriegeln. Ich drängte sie, während meines Amerikaaufenthaltes in ein Hotel oder zu Freunden zu ziehen. Doch sie lehnte dies kategorisch ab. Beide wollten unbedingt in unserem Haus bleiben. Hätte ich nur darauf bestanden oder die Reise verschoben! Aber wir beruhigten uns gegenseitig. Wir dachten eben, der Mann sei nur ein harmloser Voyeur.«

Welch fataler Irrtum, schoss es Schneider durch den Kopf. Er hatte das Leben dreier Menschen zerstört.

»Warum haben Sie keine besseren Vorkehrungen getroffen?«

»Ich weiß es nicht. Uns war der Ernst der Lage nicht klar. Ich wäre niemals gefahren, hätte ich geahnt, dass meiner Familie solche Gefahr droht. Jetzt weiß ich, wie dumm das war. Aber Carola war so jung, in diesem Alter denkt man, der Tod würde einen verschonen«, schluchzte er.

Schneider ließ ihm Zeit, sich zu beruhigen. Schließlich fragte Klein zögernd. »Denken Sie, er tut es noch einmal?«
»Das können wir nicht ausschließen. Momentan überprüfen wir alle Spanner, die wir dingfest machen konnten. Ich habe nur das ungute Gefühl, dass er nicht unter ihnen ist.«
»Sie müssen die Menschen warnen. Zwei Tote sind bereits zuviel.«
»Ich weiß, Herr Klein. Das werden wir auch tun. Sie müssen aber auch verstehen, dass wir dem Täter so wenig Informationen über den Stand der Ermittlungen geben wollen, wie möglich. Wenn wir jetzt an die Presse gehen, ist er gewarnt. Die Polizei ist in einem Zwiespalt. Wir müssen das Für und Wider abwägen.«
»Hoffentlich treffen Sie die richtige Entscheidung.«
»Ja, das werden wir bestimmt. Wir glauben, dass er in Vollmondnächten zuschlägt. Bis dahin sind noch drei Wochen Zeit. Der Grüngürtel und die Gebiete, in denen Spanner bisher aktiv wurden, werden sehr intensiv überwacht. Ich muss Sie bitten, darüber absolutes Stillschweigen zu wahren. Eine Warnung an die Bevölkerung ergeht rechtzeitig noch vor dem Vollmond.«
»Selbstverständlich erfährt niemand etwas von mir.«
»Meine letzte Frage an Sie, dann können Sie gehen: Besaß ihre Tochter ein Babydoll? Wir haben nämlich keines in ihrem Haus gefunden.«
»Was für eine seltsame Frage. Ja, sie besaß eines. Sie trug es auch an dem Morgen als ich aufgebrochen bin. Warum möchten Sie das wissen?«
Schneider erklärte ihm, dass bei einem früheren Überfall, einem Mädchen das Nachthemd gestohlen wurde.
»Und Sie glauben, er hat auch Carolas Babydoll mitgenommen?«
»Ausschließen können wir das nicht. So, für heute sind wir fertig. Wenn wir etwas Neues erfahren, teilen wir es Ihnen

mit. Morgen würde ich gern mit Ihnen den Tatort besichtigen, um festzustellen, ob etwas gestohlen wurde.«
»Das geht in Ordnung. Wann sollen wir uns treffen?«
»Wäre 9.00 Uhr in Ordnung, an Ihrem Haus?
»Ja.«
»Wo werden sie wohnen?«
»Ich bin noch nicht so weit mein Haus zu betreten. Ich denke, dass ich heute ins Hotel gehe. Sie finden mich in der Favorite.«
»Auf Wiedersehen, bis Morgen.«
»Auf Wiedersehen«, verabschiedete sich Klein.
Schneider griff zum Telefon und rief Franckh an. »Zwei Männer sollen Herrn Klein überwachen. Er will sich ein Zimmer in der Favorite nehmen. Außerdem muss der Tatort rund um die Uhr beobachtet werden, bis morgen früh um neun. Wenn sich etwas Interessantes ergibt, informieren Sie mich sofort.«

Mittlerweile umfasste das Sondereinsatzkommando 25 Mann. Die Männer saßen dicht gedrängt im Besprechungsraum. Die Luft war zum Schneiden. Allesamt wirkten sie erschöpft. Viele von ihnen hatten seit den frühen Morgenstunden Verhöre geführt und immer wieder die gleiche Auskunft erhalten, dass ein Spanner auf den die Beschreibung und das Verhalten passte nicht unter den Lubberern war. Allerdings hatte sich ein neuer Hinweis ergeben.
Ein jugendlicher Spanner, er war erst fünfzehn, gab zu Protokoll, dass an Gebäuden, in denen besonders attraktive Frauen wohnten, Markierungen hinterlassen werden, deren Bedeutung nur die Lubberer kennen. Eine Art Geheimcode, der ihnen sagt, in welchem Raum sich die Frauen entkleiden, welche Haarfarbe und welche Figur sie haben und wie alt sie sind.
Das war den Beamten neu. »Das ist ja hochinteressant«, meinte Pfitzer. »Wie entziffert man den Code?«
»Der Jugendliche ist dabei ihn aufzuschreiben. Er war der Letzte, den ich vor der Besprechung vernommen habe, deshalb

weiß ich noch nichts Genaues. Er sagt, dass er an versteckten Stellen angeschrieben wird, z. B. unter überhängendem Grün, an Rückseiten von Mauern und ähnlichem«, entgegnete Franckh.
»Das ist sehr gut. Endlich haben wir einen Ansatzpunkt«, bemerkte Schneider. »Jemand soll überprüfen, ob an dem Klein-Anwesen und bei der überfallenen Studentin vom letzten Jahr solche Zeichen zu finden sind.«
»Und was bringt uns das? Es sieht nicht so aus, als wäre unser Mörder unter den verhafteten Spannern«, fragte ein junger Kollege.
»Vielleicht ist er nicht unter ihnen, vielleicht war er es aber und vielleicht erinnert sich doch noch einer der Spanner an ihn.«
»Das sind aber viele ›vielleicht‹.«
»Ich weiß, aber haben Sie einen besseren Vorschlag?«
Schneider wechselte das Thema. »Wie sie sehen, sind die Kollegen Brückner und Schmidt aus den USA zurückgekehrt. Dort haben sie Herrn Kleins Alibi überprüft. Er kommt als Täter nicht in Frage. Morgen begehen wir zusammen den Tatort und prüfen, ob etwas fehlt. Ist die Befragung der Lubberer abgeschlossen?«
Die Beamten nickten.
»Gibt es sonst noch etwas?«
Es herrschte Schweigen. »Gut, dann darf ich mich bei den auswärtigen Kollegen bedanken. Sie haben ihre Aufgabe hervorragend erfüllt. Bitte bleiben sie noch einen Moment, ich möchte noch kurz mit Ihnen reden. Der Rest kann nach Hause gehen. Guten Abend, meine Herren.«
Die Beamten verabschiedeten sich. Schneider trat zu den drei Kollegen und lud Sie zum Abendessen in ein Weinlokal der Mainzer Altstadt ein. Sie nahmen die Einladung gerne an und brachen gemeinsam auf. Draußen stießen sie auf Franckh und Schmidt, die Schneider ebenfalls aufforderte mitzukommen.

Die Männer gingen am Theater vorbei, über den Leichhof in die Augustinergasse. Schneider blieb stehen und lenkte ihre Blicke auf den St. Martins Dom. Er wirkte erhaben und ruhig. Fast tausend Jahre waren seit seiner Grundsteinlegung durch Bischof Willigis vergangen und er hatte allen Wechselfällen der Geschichte getrotzt und mehrere Kriege überdauert. In ihm waren Könige und Kaiser gekrönt und hohe Würdenträger beerdigt worden. Ein Zeitzeugnis eines Jahrtausends. Er wurde besungen und bedichtet, war Zentrum geistlicher Aktivitäten und hatte in den Herzen der Mainzer seinen festen Platz.
Und auch in Schneiders Herz hatte der Dom seinen unverrückbaren Platz. Er hatte ihm Trost und Zuversicht gespendet. Und manchmal, wenn er dem Ritus der Messe folgte und ganz in Gedanken versunken einer Predigt lauschte, lag die Lösung eines Falles plötzlich klar vor ihm. Seine Gedanken ordneten sich, reihten sich aneinander bis die Logik den verwirrenden Knoten von Fakten, Indizien und möglichen Motiven zerschlug.
Sie gingen weiter. Es dämmerte bereits und Gaslaternen enthüllten mit ihrem warmen Licht den Reiz der schmalen Gasse, so dass die alten, renovierungsbedürftigen Gebäude reizvoll erschienen. Sie standen dicht gedrängt, als wollten sie sich gegenseitig stützen. Ein Teil der Häuser hatte den Krieg überlebt. Dort wo er Breschen geschlagen hatte, waren neue Häuser gebaut worden, in deren Souterrain große Scheiben verrieten, dass Geschäfte ansässig waren.
Nach dem Krieg waren mangels Wohnraum in der ganzen Innenstadt und in der Neustadt Wohnklötze errichtet worden. Sie waren zwar zweckmäßig, doch fügten sie sich nur schwer in das historische Stadtbild. Hier in dieser Gasse fielen die Neubauten nicht übermäßig als Fremdkörper auf. Kellergeruch gepaart mit Essenduft zog die schmale Gasse hinauf. Aus den Eingängen drangen Kinderschreie und tiefe Männerstimmen, die ihre Ruhe verlangten. Ab und zu konnte man an den hohen Zimmerdecken das schwarzweiße Flimmern von

Fernsehgeräten ausmachen und die blecherne Stimme eines Schauspielers vernehmen. Alles wirkte leicht schmuddelig, aber nicht ohne Charme.
Es war keineswegs ungefährlich die Kneipen in den schlecht beleuchteten Gassen nachts allein aufzusuchen. Hin und wieder stritten sich Zecher und es kam zu Schlägereien. Manchmal zückte ein aufgebrachter Streithahn sein Messer und stieß ohne große Hemmungen zu.
Die Stadtführung wusste um das Problem und hatte beschlossen, im nächsten Monat mit einem Sanierungsprogramm zu beginnen. Da die Mittel aber knapp waren, würden die Renovierungen in geringerem Umfang stattfinden als zunächst geplant. Die gesamte Restaurierung würde sicher Jahre in Anspruch nehmen. Mit der Renovierung wechselten auch die Mieter und in absehbarer Zeit kehrte sicher Ruhe ein. Dann würde diese Straße zu einer attraktiven Adresse werden.
Er wies die Kollegen auf den Marienbrunnen am Kirschgarten hin und erläuterte, dass hier einige Filmszenen aus Zuckmayers Fastnachtsbeichte gedreht worden waren.
Sie gingen nach links in die Grebenstraße und betraten eine Weinstube. Die äußere Tür führte sie in einen kleinen Vorraum. Auf dem Boden wechselten sich rhombisch geformte Fliesen in hellen Beige- und Brauntönen ab. Sie zogen sich die halbe Wand hoch und wurden durch eine mäanderförmige Bordüre aus kleineren Fliesen begrenzt. Über der einen schwarzbraunen Tür stand in alten Lettern »Gaststube«. Die andere führte zu den Toiletten, die nur über den Hof erreichbar waren, hinter der dritten befand sich die Küche, aus der verlockender Bratenduft strömte.
Das Lokal war randvoll, die Luft zum Schneiden dick, der Lärmpegel überstieg beinah die Schmerzgrenze. Auf harten Holzstühlen saßen Schoppenstecher und genossen ihre Halben oder Gespritzten. Der Wirt kannte die Männer von der Kripo und führte sie in einen kleinen Nebenraum, in dem sie ungestört waren. Auf der Karte fanden sich typische Mainzer

Gerichte wie Spundekäs, Handkäs mit und ohne Musik, warme Fleischwurst und Brezel, aber auch Rumpsteak, Salat und Schnitzel; alles zu moderaten Preisen.
Die Männer waren hungrig und verschlangen ihr Essen. Sie scherzten und erzählten sich Witze, so dass man zunächst meinen könnte, hier träfen sich gute Freunde zu einem Plausch. Nachdem alle satt und entspannt waren, kündigte Schneiders Räuspern an, dass er zum offiziellen Teil überging.
»Das war ein sehr anstrengendes Wochenende für Sie und die Mordkommission bedankt sich für Ihre Bereitschaft uns zu helfen. Gibt es noch etwas, das Ihnen aufgefallen ist und bisher nicht zur Sprache kam?«
Jeder einzelne dachte angestrengt nach. Aber alles war bereits gesagt worden. Alle Männer waren sich darin einig, dass sie in ihren Städten besonderes Augenmerk auf eventuelle Spanner haben würden.
»Was geschieht nun?«, wollte der Kollege aus Trier wissen.
»Morgen werden wir gemeinsam alle Aussagen durchgehen. Wenn wir nicht bald mehr Anhaltspunkte bekommen, müssen wir eine Pressemitteilung herausgeben, um die Mainzer Bevölkerung zu sensibilisieren. Es ist sehr wahrscheinlich, dass er wieder morden wird und zwar spätestens am nächsten Vollmond. Wir müssen den Menschen klar machen, dass sie Fenster, Türen, Vorhänge und Rollläden nachts fest verschlossen halten.«
Franckh grübelte bereits die ganze Zeit. Plötzlich schien er eine Lösung für sein Problem gefunden zu haben, sein Gesicht hellte sich auf. »Ich habe eine Idee. Aber wenn ich das sage, haltet ihr mich vielleicht für pervers.«
Die Anderen versicherten, dass sie das nicht tun würden.
»Wir wissen, dass die Spanner einen Geheimcode haben, der ihnen sagt, wo, wann und welcher Typ Frau sich auszieht.«
Die Männer nickten zustimmend.
»Wenn wir herausfinden, wie der Code für Carolas Typ lautet, könnten wir uns gezielt auf die Suche nach typgleichen

Mädchen und Frauen machen und ihr Verhalten beobachten. Allerdings müssten wir uns dann nachts wie die Voyeure auf die Grundstücke schleichen und sie beobachten. Es würde quasi eine neue ›Spannerszene‹ geben, dies Mal allerdings mit polizeilichem Hintergrund.«

Schneider dachte einige Sekunden nach. »Der Vorschlag ist ungewöhnlich, aber gut. Wir müssen uns nur vorher juristisch absichern.«

Die auswärtigen Beamten bekundeten ihre Bereitschaft noch einige Tage länger zu bleiben und auch Franckh und Schmidt erklärten sich sofort bereit mitzumachen. Schneider amüsierte sich über diesen aufopfernden Eifer. In der Regel waren nächtliche Einsätze wenig beliebt.

Aber es hatten sich so viele Spuren in Nichts aufgelöst. Nun bot dieser Code die Chance, die Ermittlungen voran zu treiben. Sie mussten handeln, denn keiner wollte, dass sich ein solch furchtbares Verbrechen wiederholte. Auch wenn sie sich am Rande der Legalität bewegten. Schneider tröstete sich damit, dass ungewöhnliche Umstände eben ungewöhnliche Methoden erforderten.

»Ich werde morgen mit dem Polizeipräsidenten sprechen. Ich denke, er zeigt sich kooperativ. Etwas Zeit bleibt uns noch, bevor wir an die Öffentlichkeit gehen müssen. Ich gebe uns noch eine Woche, dann muss die Bevölkerung informiert werden. Ich hoffe nur, dass er nicht früher zuschlägt.«

Montag, 14. April 22.00 Uhr, Schneiders Zuhause

Etwas von Schneiders Zuversicht kehrte zurück. Wenn ihr Vorhaben glückte, wären sie einen großen Schritt weiter.

Seine Frau saß im Wohnzimmer auf der Couch und ging die Hypothekenbedingungen der Bank durch. Sie hatte ihre Zweifel, ob sie das geplante Haus finanzieren konnten. Er setzte sich neben sie.

»Guten Abend, Liebling. Hast du Hunger?«

Sofort überfiel ihn sein schlechtes Gewissen. Er hatte völlig vergessen ihr zu sagen, dass er auswärts essen würde. »Ich habe schon etwas gegessen. Tut mir leid, dass ich es dir nicht gesagt habe.«

»Macht nichts. Heute hätte es sowieso nur eine Kleinigkeit gegeben. Na, seid ihr weitergekommen?«

»Wenig. Klein ist aus USA zurück und ich habe ihn vernommen. Der Mann ist völlig gebrochen, aber gefasst. Wenn mir so etwas passieren würde, würde ich ganz bestimmt durchdrehen.«

»Ja, ich stell mir das auch schrecklich vor. Da hat man sein Leben aufgebaut, alles läuft in geregelten Bahnen und dann schlägt das Schicksal so grausam zu. Ich denke oft an ihn und er tut mir leid. Hat es Festnahmen gegeben? Ich habe so was im Radio gehört.«

»Nur ein paar Spanner. Wir hatten gehofft, einer könnte uns einen Hinweis auf den Mann geben, aber alles scheint umsonst. Professor Popp hat Recht, wenn er von einem Einzelgänger spricht. Es ist sehr schwer einem solchen Typ auf die Spur zu kommen.«

Sie schob den Aktenordner beiseite und kuschelte sich an ihn. Seine Hand fuhr ihren Rücken hinunter und er wurde sich bewusst, dass sie schon seit Tagen nicht mehr miteinander geschlafen hatten. Er beugte sich über sie und wollte sie küssen, als sich unvermittelt die Wohnzimmertür öffnete.

Ärgerlich über die Störung drehte er sich um. »Was ist denn los?«

Seine älteste Tochter stand im Rahmen. »Papa, ich glaube ich habe etwas an unserem Rollladen gehört. Es klang so, als würde jemand ihn ein Stück hoch schieben und außerdem hat jemand laut geschnauft.«

Sofort sprang er auf, öffnete die Balkontür und betrat den kleinen Garten. Aber er konnte niemanden entdecken. Er durchsuchte jeden Winkel, fand aber nichts. Der Garten war der zweite in der Reihe der Grundstücke. Die Rasenflächen zwischen den Nachbarn waren nur durch schmale Blumenbeete getrennt. Nur der äußerste Garten hatte als Grenze einen Maschendrahtzaun. Daneben verlief ein kleiner Fußweg. Schneider blickte über das Grundstück hinweg und sah einen schlanken, brünetten Mann, Anfang zwanzig, der sich im Schein der Straßenlaterne seelenruhig eine Zigarette anzündete. Er schien nichts zu verbergen, er wirkte wie ein harmloser Passant. Schneider sagte sich, dass er überreagierte. Nicht jeder Mann, der nach zwanzig Uhr unterwegs war, war ein potentieller Spanner. Trotzdem ließ er den Rollladen herunter und ging mit Petra in ihr Zimmer. Er schloss das Fenster und bat sie das von nun an jede Nacht zu tun.

»Ich habe niemand auf dem Grundstück gesehen. Leg dich wieder schlafen. Zieh die Vorhänge zu. Bei Gelegenheit schau ich mir den Garten genauer an. Schlaf gut, mein Schatz.«

»Gute Nacht Papa.«

»Du bist ja wie von der Tarantel gestochen losgeprescht. Was ist denn los? Ich dachte immer, Spanner sind harmlos.«

»Das hat bisher jeder gedacht. Aber du weißt ja, Ausnahmen bestätigen die Regel.«

In dieser Nacht fand er keinen Schlaf.

Dienstag, 15. April, 6.30 Uhr

Schneider saß mit seiner Familie beim Frühstück. Sie schwiegen. Keiner von ihnen gehörten dem Typ »agiler Frühaufsteher« an, sondern eher zu der Kategorie »Sprich-mich-vor-neun-Uhr-nicht-an«.

Schneider schärfte seiner Frau und seinen Töchtern ein, nach Einbruch der Dämmerung Balkontüren und Fenster fest zu schließen, vor allem wenn er nicht im Haus war.

Petra und Alexandra zeigten sich wenig begeistert. Immer wieder machte er ihnen Vorschriften. Permanent predigte er ihnen, sich nicht von Fremden ansprechen und mitnehmen zu lassen. Er warnte sie vor dem bei der jungen Generation so beliebten Trampen. Immerhin waren die ersten beide Morde in

diesem Jahr an zwei jungen Frauen verübt worden, die gemeinsam mit dem Daumenbus unterwegs waren. Ihre Leichen hatten Spaziergänger im Gonsenheimer Wald gefunden.
Es war nicht leicht, Tochter eines Kriminalpolizisten zu sein. Die vermeintlichen Gefahren, die überall lauerten, drückten auf die Unbeschwertheit des kindlichen Gemüts.
»Hat das mit dem Erlebnis von gestern Abend zu tun? Oder hängt das mit dem Mord zusammen?«, wollte Petra wissen.
»Beides, mein Schatz, beides. So, aber nun wird es Zeit. Ihr verpasst noch eure Straßenbahn und ich komme zu spät ins Präsidium.«
Zum Abschied küsste er seine Frau. »Ich komme heute nach Mitternacht nach Hause. Warte also nicht auf mich.«
»Was hast du vor? Ist es gefährlich?«
»Nein, es ist nicht gefährlich, nur etwas außergewöhnlich.«
Sie seufzte. »Was habt ihr nun wieder vor? Ich wünsch dir viel Erfolg und pass auf dich auf.«

Dienstag, 15. April, 9.00 Uhr, Tatort
Schneider wartete auf Herrn Klein. Er hatte Franckh zur Unterstützung mitgenommen. Beiden Männern war nicht besonders wohl bei dem Gedanken, das Haus in dessen Begleitung betreten zu müssen. Wie würde er reagieren? Mussten sie einen Nervenzusammenbruch befürchten?
Herr Klein näherte sich mit eiligen Schritten. Er war zu Fuß gekommen. Die frische Morgenluft hatte sein Gesicht mit einem Schimmer von Rot überzogen. Doch das täuschte nicht über das fahle Grau der Haut hinweg. Die Männer schüttelten sich die Hände, Schneider stellte Franckh vor.
»Wie geht es Ihnen heute?«
»Ich habe mich gefangen. Zumindest hoffe ich das«, entgegnete er dem Hauptkommissar.
»Sind Sie bereit?«, fragte dieser mit ruhiger Stimme.
Herr Klein straffte seine Schultern, schluckte schwer und nickte.

»Möchten Sie aufschließen oder soll ich das für Sie tun?«, fragte Schneider.
»Ich öffne selbst, wenn ich darf.«
»Natürlich, es ist ihr Haus.«
»Es *war* mein Haus. Ich werde hier nicht mehr leben können.«
Mit zitternden Händen steckte er den Schlüssel ins Schloss und drehte ihn vorsichtig um. Wie oft hatte er das schon gemacht? Er konnte sich nicht erinnern. Wenn er hereinkam, rief er immer einen Gruß. Nun gab es niemanden mehr, der diesen Gruß hören würde. Er trat über die Schwelle.
Plötzlich drehte er sich um. »Haben Sie übrigens den anderen Schlüssel gefunden?«
Irritiert schaute der Kommisar ihn an. »Welchen anderen Schlüssel? Im Haus haben wir zwei Schlüsselbunde gefunden, von ihrer Frau und ihrer Tochter. Frau Rapp hat einen Haustürschlüssel und Herr Kayser. Von einem zusätzlichen Schlüssel wissen wir nichts.«
»Wir haben immer noch einen außerhalb des Hauses versteckt. Falls wir uns einmal aussperren sollten.«
»Wo ist er?«, fragte Schneider mit wachsender Erregung. Fände sich der Schlüssel nicht, dann war klar, wie der Täter ins Haus gelangt war.
Herr Klein ging um die Eingangstreppe herum. Seitlich von ihr stand eine steinerne Skulptur, die das Füllhorn der Demeter darstellte. Der graue Sandstein hatte Moos angesetzt. Klein tastete mit seiner Hand an den Früchten entlang und hob schließlich einen Apfel hoch. Schneider hielt die Luft an.
Triumphierend drehte sich Herr Klein um und sagte: »Hab ihn.«
Schneider war enttäuscht. So war der Mörder also nicht ins Haus gelangt, oder kannte er das Versteck und hatte den Schlüssel wieder zurückgelegt?
Er unterdrückte seinen Impuls Klein zu sagen, wie leichtsinnig es sei, einen Schlüssel außerhalb des Hauses in unmittelbarer Nähe der Haustür zu deponieren.

Endlich traten sie gemeinsam ein. Die Luft im Innern des Hauses war abgestanden. Es roch süßlich nach verfaultem Obst. Klein drehte sich hilflos in der Diele um. »Wo sollen wir beginnen?«
»Das überlasse ich Ihnen«, entgegnete der Hauptkommissar. »Sie können erst die Bestandsaufnahme machen oder sich erst die Tatorte anschauen.«
»Gut. Dann fang ich mit dem Zimmer meiner Tochter an.«
Schneider hielt ihn kurz zurück. »Sie werden erschüttert sein, wenn Sie das Zimmer sehen. Machen Sie sich auf Einiges gefasst.«
Herr Klein legte seine Hand schwer auf die Klinke. Wie oft hatte er diese Tür geöffnet und in das hübsche Gesicht seiner Tochter geschaut? Manchmal hatte sie ihn vorwurfsvoll angeblickt, manchmal strahlte sie ihn an. Niemals wieder würde er dieses Lächeln sehen, ihren Duft riechen oder ihre Stimme hören.
Er schluckte laut, als könne er so den Kloß in seinem Hals loswerden. Mit einem Ruck öffnete er die Tür und stieß sie auf. Nichts war in dem Zimmer verändert worden. Die Spuren der Verwüstung zeugten von dem Kampf auf Leben und Tod, in dem der Tod Sieger geworden war.
Franckh hielt sich im Hintergrund und versuchte gegen sein Unwohlsein anzukämpfen. Schneider war neben Klein getreten, um ihm beizustehen. Kleins Blick fiel auf die Blutspritzer an der Wand. Ihr ehemals helles Rot hatte sich unter dem Sauerstoff der Luft zu rostigem Braun gewandelt. Auf den Möbeln lag eine dünne Staubschicht. Die hellen Strahlen der Frühlingssonne setzten das Geschehen gnadenlos in Szene. Es bedurfte keiner regen Fantasie, um sich den Ablauf des Verbrechens vorzustellen.
Herr Klein schwankte und kämpfte mit den Tränen. Er hob seine rechte Hand in einer verzweifelten Geste vor die Augen, als könne er damit die Tat ungeschehen machen, das Gesehene aus dem Gedächtnis verbannen. Langsam ließ er die Hand

sinken. Schneider wagte es nicht ihn zu stützen. Er blieb hinter ihm stehen um ihn notfalls aufzufangen. Keiner der Männer sagte ein Wort. Mit präziser Bedächtigkeit blickte sich Klein im Raum um. Vor seinem geistigen Auge sah er das Zimmer in seinem ursprünglichen Zustand. Er gaukelte sich vor, Carola hätte sich gerade erhoben und sei in der Schule. Schmerzhaft wurde er sich der trügerischen Illusion bewusst.

»Sie hat schrecklich gelitten«, sagte er mit unterdrückter Stimme. »Wie kann ein Mensch nur so etwas tun?«

Schneider schwieg. Er fand nicht die rechten Worte des Trostes. Zu oft hatte er grausame Verbrechen gesehen. Zu oft schon war seine Vorstellungskraft durch die Realität weit übertroffen worden. Er hatte aufgehört zu fragen »Warum?«. Grausamkeit und Zerstörungswut gehörten genauso zum Menschen wie Liebe und Kreativität. In solchen Momenten hasste er seinen Beruf, dann wünschte er sich, er wäre Postbote oder Gärtner. Doch wenn er einen Täter dingfest gemacht hatte, empfand er Genugtuung. Zwar machte dies die Tat nicht ungeschehen, aber er konnte den Opfern einen letzten Dienst erweisen.

Klein hatte keine Antwort erwartet. Nachdem er den ersten Schock verwunden hatte, inspiziert er das Zimmer eingehend.

»Es scheint nichts zu fehlen. Ihr Schmuck ist da, wobei Carola nur wenig wertvolle Stücke hatte. Sie bevorzugte billigen, schrillen Modeschmuck.«

»Wo könnte das Babydoll sein?«

»Ich weiß es nicht. Hier im Zimmer vielleicht.«

»Wir haben keines gefunden, weder hier noch in der Schmutzwäsche. Wie sah es denn aus?«

»Irgendein heller Pastellton. Es ist ein Babydoll wie es hunderte gibt. Nichts Auffälliges. Wenn die Polizei es allerdings nicht gefunden hat, dann wird er es wohl mitgenommen haben.«

Die Männer überlief ein Schauer bei dem Gedanken, dass sich der Mörder mit dem Kleidungsstück vielleicht immer noch Befriedigung verschaffte.

»Ich gehe jetzt ins Schlafzimmer. Könnten Sie mich dabei alleine lassen. Ich rufe Sie, wenn ich Sie brauche.«
»Selbstverständlich.«
Sie gingen gemeinsam ins Erdgeschoss, Herr Klein stieg die Wendeltreppe hoch. Die Männer hörten wie er die Tür öffnete und sacht hinter sich schloss. Dann vernahmen sie einen unterdrückten Schrei: »Therese ...«
Sie überließen ihn seiner Trauer. Schneider sah, wie Franckh um Fassung rang. Er forderte ihn auf, gemeinsam mit ihm auf die Terrasse zu gehen, um frische Luft zu schöpfen. Nach zehn Minuten kam Klein zu ihnen heraus.
»Ich danke Ihnen für Ihr Taktgefühl. Ich habe meine Familie über alles geliebt. Ich kann den Verlust immer noch nicht fassen und werde es wahrscheinlich auch nie können. Ich rede mir ein, sie seien nur zu Verwandten aufs Land gefahren und kommen jeden Augenblick zurück. Was haben sie getan, dass ihnen so Schreckliches widerfahren musste?«
Schneider wollte ihm nicht sagen, dass wahrscheinlich das Aussehen seiner Tochter die Begehrlichkeit des Mörders geweckt und diese Tat ausgelöst hatte. So standen sie schweigend nebeneinander und blickten auf das besänftigende Grün des Rasens.
Franckh hüstelte und riss die Männer damit aus ihrer Betrachtung. »Wir sollten jetzt an die Bestandsaufnahme gehen.«
»Natürlich, Sie haben Recht. Ich bin froh, so schnell wie möglich dieses Haus zu verlassen. Im Schlafzimmer fehlt nichts. Sogar der Revolver liegt noch in der Nachttischschublade. Meine Frau hat ihn nicht benutzen können. Hätte Sie es getan, glauben Sie die beiden hätten überlebt?«
»Wollen Sie eine ehrliche Antwort?«
»Ja.«
»Ich glaube nicht. Wir haben den Tathergang folgendermaßen rekonstruiert: Der Täter schlich zuerst zu Carola. Sie hat sich gewehrt, er hat sie schwer verletzt, so dass sie beinah bewegungsunfähig war. Sie hat nach ihrer Mutter gerufen. Diesen

Schrei hat eine Nachbarin gehört. Dann ist der Täter nach oben, hat ihre Frau angegriffen, die sich bereits im Bett aufgesetzt hatte und sie getötet. Dann ist er zu Carola zurück und hat sein Werk vollendet. Die beiden hatten keine Chance.«

»Mein Gott, wie grausam. Warum nur?«

»Darauf kann nur der Mörder antworten.«

Klein drehte sich um und betrat das Wohnzimmer. »Ich beginne hier. Was riecht hier nur so faulig?«

Schneider schickte Franckh in die Küche, während er selbst Klein beobachtete.

Der junge Beamte war wenig angetan. Er fürchtete eine weiter grausige Entdeckung zu machen. Mit mulmigem Gefühl öffnete er vorsichtig die Küchentür. Erleichtert registrierte er, dass in der Obstschale zwei Bananen vor sich hinfaulten. Er nahm sie und brachte sie nach draußen in die Mülltonne. Dann kippte er das Küchenfenster.

Herr Klein nahm sich Zeit. Langsam durchschritt er die Räume. Immer wieder schüttelte er den Kopf. »Es fehlt nichts. Alles ist noch da, wo es immer ist.«

In seinem Arbeitszimmer galt sein besonderes Augenmerk seiner Sammlung afrikanischer Kultgegenstände. Masken aus Ebenholz, schön geschnitzte Tiere, verschiedene Dolche und Säbel lagen ordentlich aufgereiht in einer Vitrine. Der Deckel war verschlossen. Nichts fehlte. Er durchsuchte die Schubladen seines Schreibtisches, öffnete den Barschrank glitt mit den Fingern über seine Bücher.

»Nein, es fehlt nichts. Nicht das Geringste.«

»Haben Sie einen Safe?«

»Ja. Aber da ist nichts von Bedeutung drin. Ein paar Wertpapiere und etwas Schmuck.«

Er trat an die Stirnseite des Raumes und hob ein modernes Bild von der Wand. Dahinter verbarg sich ein kleiner in die Wand eingelassener Safe. Er drehte das Zahlenschloss hin und her, bis die Tür sich mit einem leisen Klicken öffnete. »Es ist noch alles vorhanden. Hier war niemand dran.«

Sorgfältig schloss er den Safe, hing das Bild an seinen Platz und drehte sich zu den Polizisten um. »Sind wir hier fertig?«
Die Männer nickten.
»Darf ich noch hier bleiben? Ich möchte Abschied nehmen.«
»Natürlich. Es ist ihr Haus. Wir fahren jetzt ins Präsidium. Und wir bitten Sie, in dieser Angelegenheit zu schweigen. Vor allem der Presse gegenüber. Die Ermittlungen befinden sich an einem kritischen Punkt. Eine falsche Mitteilung und der Erfolg könnte gefährdet werden. Hüten Sie sich vor allem vor einer Frau mit dem Namen Katharina Neu.«
Schneider gab ihm eine kurze Personenbeschreibung, um sicher zu gehen, dass sie Klein nicht überlistete.
»Ich werde mich daran halten. Wenn Sie mich suchen, werden Sie mich in der Favorite oder in meinem Büro finden. Ich werde in dieses Haus nicht mehr zurückkommen.« Er überreichte Schneider seine Visitenkarte. »Wann kann ich meine Frau und Tochter beerdigen?«
»Die Gerichtsmedizin hat die Leichen freigegeben. Es liegt in Ihrem Ermessen.«
»Gut. Dann werde ich das noch heute in die Wege leiten. Vielen Dank meine Herren.«
Die Polizisten verabschiedeten sich und verließen das Haus. Beide waren sie bedrückt und beteten, dass ihnen ein solches Schicksal erspart bleiben würde.

Dienstag, 15. April, 14.00 Uhr, Präsidium

Der Polizeipräsident hörte sich Schneiders Vorschlag gelassen an. Sein Mienenspiel verriet Schneider allerdings, welchen inneren Kampf er austrug. Er war zwischen Zweifel und Belustigung hin und her gerissen.
»Wollen Sie ihre Männer bei Laune halten?«, fragte er süffisant.
»Ich weiß, dass diese Angelegenheit äußerst pikant ist, aber es ist momentan der einzige brauchbare Vorschlag. Sie können

uns ja begleiten und über unsre Integrität wachen«, entgegnete er schlagfertig.

»Ich denke, dass ich über dieses sportliche Alter hinaus bin. Ich möchte mich beim Übersteigen von Zäunen nicht lächerlich machen.«

»Nun übertreiben sie mal nicht. Sie spielen regelmäßig Tennis und sind in einer guten Form. Wahrscheinlich sind sie fitter als ich.«

»Sie brauchen also meinen Segen, meine Rückendeckung, falls etwas schiefgeht?«

»Genauso ist es. Die auswärtigen Kollegen wollen uns begleiten und uns die ›besten Jagdgründe‹ zeigen.«

»Gut, ich halte Rücksprache mit unserem Juristen. Heute mittag hören Sie von mir. Und lassen Sie sich nicht in Versuchung führen«, scherzte er beim Abschied.

Dienstag, 15. April, 20.00 Uhr

Die Zeit für die Pirsch begann. Alle Männer trugen dunkle, sportliche Kleidung und Schuhe mit Gummisohlen. Sie trafen sich im Präsidium und teilten die Gruppen ein. Außer ihrer kleinen Truppe und dem Polizeipräsidenten wusste keiner von ihrer Exkursion und so sollte es momentan auch bleiben.

Sie trennten sich vor dem Gebäude und fuhren in verschiedene Richtungen davon. Von Bretzenheim über Weisenau, den Annaberg und das Rosengartenviertel wurde jedes Haus systematisch auf den Spannercode überprüft.

Schneider hatte den Kollegen eingeschärft, dass sie die Situation nicht ausnutzen sollten. Wenn Sie sahen, dass eine Frau sich entkleidete, mussten sie dies nicht bis zum Ende beobachten. Damit hatte er sein Versprechen, dass er seinem Polizeipräsidenten geben musste, eingelöst.

Heute Nacht würde sich sicherlich kein Lubberer nach draußen wagen, denen saß der Schreck noch in den Gliedern. Doch war sich die Polizei darüber im Klaren, dass dieser Zustand nicht von Dauer sein würde. Irgendwann kämen sie wieder und

würden mit ihrem Treiben fortfahren. Nun war die Politik gefordert, damit dem endlich ein Ende bereitet wurde.
Sie suchten nach den Zeichen der Spanner und wurden schnell fündig. Für Eingeweihte war es kein Problem, sie zu entdecken. Schneider war über die große Anzahl überrascht. Beinah an jedem fünften Haus fanden sich die Kürzel. Mit deren Hilfe arbeiteten sie effektiv. So konnten sie bereits vor den Grundstücken erkennen, wo sich der Einsatz lohnte. Schneider war heilfroh, dass es nicht Hochsommer war. So waren die meisten Fenster geschlossen und die Gefahr der Entdeckung gering.
Es nieselte leicht aus dem wolkenverhangenen Himmel, wie so oft im April. Die feuchte Luft zog in ihre Kleidung und legte sich schwer auf die Atemwege. Für ihr Unternehmen hätten sie sich kein besseres Wetter wünschen können, doch die Männer fluchten innerlich.
Als sie in den ersten Garten eindrangen, beschlich Schneider ein ungutes Gefühl. Er respektierte das Eigentum anderer und hätte normalerweise fremde Grundstücke nicht betreten. Er versuchte, so leise wie möglich zu sein und hielt für einige Sekunden den Atem an, um in die Stille zu hören.
Zielstrebig gingen sie in den hinteren Teil des Gartens. Er dachte dabei an Artikel 1, Absatz 1 des Grundgesetzes zur Rechtfertigung seiner Handlung und murmelte die Worte gedankenverloren vor sich hin. »Die Würde des Menschen ist unantastbar. Sie zu achten und zu schützen ist Verpflichtung aller staatlichen Gewalt.«
Sein Kollege fragte irritiert: »Haben Sie etwas zu mir gesagt?«
»Nein, entschuldigen Sie, ich habe nur so vor mich hin gemurmelt.«
An der Rückfront des Hauses gab es drei tief gelegene Fenster. Zwei waren dunkel, hinter einem brannte Licht. Eine junge Brünette saß auf einem Sessel mit Zottelbezug und las in einem Buch. Sie entsprach genau dem Typ der ermordeten Carola.

Schneider nickte seinem Begleiter zu und sie gingen zum nächsten Haus. Gewissenhaft notierten sie die Adressen für die in Frage kommenden Mädchen.
Je weiter der Abend vorrückte, um so häufiger trafen sie Frauen an, die sich auszogen oder bereits in Nachtwäsche waren. Schneider wunderte sich, was die Menschen so alles trieben. Da gab es biedere Schülerinnen mit Nickelbrille; das junge, ausgeflippte Mädchen, das in grellbunte Gewänder gehüllt, indisch anmutenden Tanzbewegungen vollführte; intellektuelle Träumerinnen, die bei einer Tasse Tee saßen und offensichtlich über den Sinn des Seins reflektierten.
Eine junge Frau kauerte im Yogasitz auf dem Boden, hielt die Hände mit den Handflächen nach oben und schien zu summen. Eine andere tanzte nackt zu ohrenbetäubender Hard-Rock-Musik durch das Zimmer und schleuderte in immer schneller werdenden Kreisbewegungen ihren Kopf. Ihre Haare wurden wild durcheinander gewirbelt. Schneider wurde allein vom Zuschauen schwindelig. Sie entdeckten Mädchen mit ihren Freunden, die bei schummriger Beleuchtung schmusten. Ab und zu sahen sie das Glimmen eines Joints.
Schneiders Aufmerksamkeit galt nicht allein den jungen Frauen in ihren Zimmern. Ständig lauschte er in die Dunkelheit, achtete auf verdächtiges Knacken von dürren Zweigen und suchte mit den Augen nach einem menschlichen Schemen. Alles um sie herum blieb ruhig. Ab und zu unterbrach ein Auto die nächtliche Stille oder eine Nachtigall schlug ihr Lied an. Schneider atmete die Nacht ein. Er nahm den schwülen Duft von Hyazinthen wahr, roch den modernden Geruch alten, feuchten Laubs. Die Luft war so klamm, dass sie die Düfte nicht weitertrug, sondern festhielt. Jeder Garten war eine eigene Duftinsel. Es war schon beinah Mitternacht und sie standen vor dem letzten Fenster, als er einen neuen Geruch wahrnahm. Er suchte schnüffelnd nach dessen Ursprung.
Leise flüsterte er: »Riechen Sie das auch?«

Sein Kollege hob den Kopf. Streckte die Nase in den Wind und atmete tief ein. Seine Nasenflügel blähten sich auf wie bei einem Pferd, das Angst verspürt. »Ja, da ist ein Geruch, den ich kenne, aber nicht benennen kann. Irgendwie süßlich, schwülstig.«
»Es riecht nach Kastanienblüten.«
»Genau. Aber die Kastanien blühen hier doch gar nicht.«
»Und was riecht ähnlich wie Kastanienblüten?«, forderte Schneider seinen Kollegen zum Nachdenken auf.
Dieser zögerte einen Moment und schaute ihm dann direkt in die Augen: »Sperma.«
»So ist es und zwar frisches Sperma. Ich gehe jede Wette ein, dass vor nicht all zu langer Zeit hier ein Mann stand und beim Anblick einer jungen Frau onaniert hat. Mein Instinkt sagt mir, dass das unser Mörder war. Von den anderen Lubberern hat sich heute Nacht sicherlich keiner aus dem Haus gewagt. Morgen müssen wir das Mädchen befragen und vor allem müssen wir sie warnen.«
»Der Kerl wird mir immer unheimlicher. Man könnte wirklich an ein Phantom glauben. Ob wir den jemals erwischen?«
»Wir kriegen ihn. Irgendwann begeht er einen Fehler«, sagte Schneider zuversichtlich.

Die Männer trafen sich pünktlich im Präsidium. Jeder hatte eine Liste geführt. Insgesamt gab es 54 Mädchen, die dem Typ des Täters entsprachen. Sie hatten genug nacktes Fleisch für eine Nacht gesehen und waren froh endlich in ihre Betten zu kommen. Morgen wartete eine Menge Arbeit auf sie. Schneider setzte die Besprechung auf 9.30 Uhr fest.
In weniger als zwanzig Minuten war er zu Hause. Leise schloss er die Wohnungstür auf und warf in das Zimmer der Mädchen einen besorgten Blick. Sie schliefen friedlich. Die Fenster und Türen waren alle geschlossen, die Rollläden heruntergelassen. Erleichtert atmete er auf. Er zog sich aus, legte sich zu Bett und fiel augenblicklich in einen tiefen Schlaf.

Mittwoch, 16. April, 9.30 Uhr, Präsidium

Schneider wies die anderen Kollegen ein und erklärte auch, wie sie die Frauen ausfindig gemacht hatten. Anzügliche Bemerkungen unterdrückte Schneider schnell im Keim. Für die 54 Mädchen wurden zehn Beamte zur Befragung abgestellt. Die Spurensicherung war bereits informiert und zu dem Ort geschickt, wo sie den Geruch von Sperma wahrgenommen hatten.

»Kollege Franckh und ich haben gemeinsam mit Herrn Klein den Tatort besichtigt. Er sagte, dass nichts fehle, außer dem Nachthemd seiner Tochter. Die Vermutung scheint sich zu bestätigen, dass er die Kleidungsstücke seiner Opfer hortet. Haben sich bei der Befragung der Freunde Carolas neue Hinweise ergeben?«

Die ermittelnden Beamten schüttelten den Kopf. »Diese Marisa ist wie vom Erdboden verschluckt. Andrea, die andere Freundin, wusste nichts.«

Auch die Beamten des Rauschgiftdezernates konnten nur wenig Neues berichten.

»Wir haben eine Spur, die uns nach Hamburg führt. Dort könnte sich ein Bekannter von Thomas Kayser aufhalten, der nicht gut auf Carola zu sprechen ist. Laut Kayser ist sein ehemaliger Freund der Meinung, dass Carola für ihr Zerwürfnis verantwortlich ist. Er scheint leicht abartige Verhaltensweisen an den Tag zu legen. Der Typ schläft in einem Sarg. Carola fürchtete, dass er negativen Einfluss auf Kayser ausüben könnte. Der Mann ist ein Jahr älter als Kayser und sie wollten sich nach Kaysers Abitur eine gemeinsame ›Studentenbude‹ mieten. Carola hat das erfolgreich verhindert. Sobald wir ihn gefunden haben, werden wir ihn befragen, obwohl ich Zweifel habe, dass das überhaupt was bringt.«

»Ja, das ist in Ordnung. Wir wollen uns später nicht vorwerfen lassen, dass wir uns nicht intensiv genug mit allen Spuren auseinander setzen. Vor allem für die Presse wäre das ein gefundenes Fressen. Heute müssen einige von Euch leider

wieder Überstunden machen. Um 20.00 Uhr möchte ich die ersten Befragungsergebnisse vorliegen haben. Wir treffen uns in meinem Büro. Bis dahin, viel Erfolg meine Herren.«
Schneider selbst begab sich zum Polizeipräsidenten und berichtete ihm vom nächtlichen Einsatz. Dieser sagte ihm jegliche Unterstützung zu.

Mittwoch, 16. April, 20.00 Uhr, Polizeipräsidium
In Schneiders Büro saßen die Beamten dicht gedrängt. Ihre Befragung hatte Erstaunliches zu Tage gefördert. Bei fast allen Frauen waren verschiedene Spanner aufgetaucht. Einige der Befragten aus den Bereichen Bretzenheim, Weisenau und Rosengarten berichteten übereinstimmend von Belästigungen, die stets nach dem gleichen Muster abliefen. Ein Mann leuchtete in das Zimmer, um die Frauen auf sich aufmerksam zu machen. Reagierten sie auf diese Attacke, öffnete er seine Hose und masturbierte. Meistens verfielen die Frauen in Panik und schlossen die Läden, aber keine hatte die Polizei informiert.
Schmidt meldete sich zu Wort. »Ich habe hier zwei Aussagen, die sehr interessant sind. Sie offenbaren einen Teil der Persönlichkeit des Mannes. Es wird deutlich, dass er immer aufdringlicher und findiger wird.

Aussage der Elisabeth Reis, geboren 4.5. 1957, wohnhaft im Kehlweg 12
Im Februar war ein Mann im Garten meines Elternhauses, der mich beim Ausziehen beobachtete. Ich bemerkte ihn allerdings erst, als er gegen meine Scheibe onanierte. Meine Eltern waren zu diesem Zeitpunkt nicht zu Hause und ich hatte fürchterliche Angst. Ich schloss den Rollladen und legte mich ins Bett. Zwei Abende später klopfte ein Mann gegen den Rollladen. Er versuchte ihn hochzustemmen und leuchtete mit einer Lampe durch die Ritzen. Er verlangte »reingelassen« zu werden. Ich rief meinen Vater um Hilfe. Als er ihn sah, verschwand er augenblicklich. Seitdem haben wir einen Schäferhund und ich bin in den ersten Stock gezogen.

Ich verlese die Aussage von Karen Mayer aus Laubenheim:

Aussage der Karen Mayer, geboren 12.4.1955, wohnhaft Im Dorfgraben 15

Jeden Dienstag, wenn ich von der Volkshochschule nach Hause ging, bemerkte ich, wie mir ein Mann über Wochen folgte. Zuerst machte ich mir wenig Gedanken und dachte, dass ich mir das alles einbilde. Er hielt immer großen Abstand und wirkte auf die Entfernung schüchtern. Später entdeckte ich ihn allerdings vor meinem Fenster. Er beobachtete mich beim Ausziehen. Als ich ihn bemerkte, blieb er stehen und lief nicht davon, was ich komisch fand. Im Gegenteil, er kam näher an das Fenster und deutete auf sein Handgelenk, so als wolle er die Uhrzeit wissen. Ich habe das Fenster nur gekippt und ihn gefragt was er will. Er sagte, dass seine Uhr stehengeblieben sei und er eine Verabredung habe, zu der er nicht zu spät kommen dürfe. Ich sagte ihm die Zeit. Plötzlich war seine Hose geöffnet und er hielt sein Glied in der Hand, an dem er manipulierte. Es war abstoßend. Er flüsterte, ich solle ihn »reinlassen«. Ich habe gebrüllt, dass ich die Polizei hole, habe das Fenster geschlossen und die Vorhänge zugezogen. Er ist nicht gleich weg gegangen. Ich denke, dass er sich zuerst zu Ende befriedigt hat. Natürlich hatte ich seitdem Angst. Ich bin nicht mehr allein nach Hause gegangen, sondern habe meinen Freund gebeten, mich abzuholen. Der Mann hat jedoch nicht locker gelassen. Ich habe ihn längere Zeit nicht mehr vor meinem Fenster gesehen, deshalb dachten wir, er hätte es aufgegeben. Doch ungefähr vier Wochen später, als mein Freund gegen 23.00 Uhr gegangen war, klingelte es an meiner Tür. Ich habe über die Gegensprechanlage wissen wollen, wer da ist. Da hörte ich eine Stimme, die sagte: »Ich bin's, ich habe meinen Schlüssel vergessen. Mach mir auf.« Fast hätte ich ihm geöffnet, aber ich hörte das Auto meines Freundes abfahren. Er hat einen VW-Käfer, der beim Anlassen immer eine Fehlzündung hat. Da bin ich zuerst ans Fenster und hab nachgeschaut, ob sein Auto weg ist. Es hat noch drei Mal geläutet, aber ich habe nicht mehr auf das Klingeln reagiert. Ich weiß nicht wer er war, doch ich denke, es war der Spanner. Als mein Freund davon erfuhr, hat er sich mit drei Bekannten auf die Lauer gelegt und auf den Kerl gewartet. Am dritten Abend haben sie ihn ertappt. Doch der Typ war so flink, dass er ihnen entwischt ist. Seitdem herrscht bei mir aber Ruhe und ich lasse Fenster, Türen und Vorhänge immer geschlossen.«

Schmidt fuhr fort. »Keine der Frauen hat Anzeige erstattet. In keinem der Fälle wurde die Polizei alarmiert. Die Menschen sind unglaublich leichtsinnig.«

Andere Beamten hatten ähnliche Aussagen von Frauen erhalten, die das gleiche Vorgehensmuster offenbarten.

Zöller fasste kurz zusammen. »Den Schlüsseltrick hat er bei mehreren Frauen abgezogen. Zum Glück ist keine darauf hereingefallen. Bei zwei Frauen hat er angedroht, die Autos zu beschädigen, wenn sie ihn nicht hereinlassen sollten.«

Franckh ergriff das Wort. »Im März hat sich nur zwei Straßen von dem Klein-Anwesen entfernt ein ernst zu nehmender Vorfall ereignet. Ein junge Frau berichtete über einen Spanner, der sich in der eben beschriebenen Weise Einlass verschaffen wollte. Er hat sogar eine Kellertür aufgebrochen, ist allerdings im Fahrradkeller gelandet. Von dort gibt es keine direkte Verbindung zum Haus. Der Eindringling ist ausgerastet und hat sämtliche Fahrradreifen plattgestochen. Das Mädchen hat unglaubliches Glück gehabt. Am nächsten Abend, als sie die Tat entdeckte, alarmierte sie die Polizei. Die Beamten kamen auch, konnten allerdings keine brauchbaren Spuren sichern. Die Frau sagte, dass der Mann seitdem nicht mehr in Erscheinung getreten ist. Möglich, dass er das Grundstück beobachtete und die Polizei bemerkte. Das könnte ihn vertrieben haben.«

Schneider schüttelte den Kopf über den fahrlässigen Leichtsinn der Bevölkerung. »Wir können froh sein, dass es nicht schon mehr Opfer gegeben hat. Das bestätigt aber unsere Theorie, dass der Täter nicht aufhören wird. Er kann gar nicht. Es scheint fast, als wolle er eine Art Beziehung zu seinen Opfern herstellen, doch er scheitert meistens. Diese Abweisung macht ihn wütend und er versucht mit Gewalt an sein Ziel zu gelangen.

Wir müssen mit Hochdruck arbeiten, sonst haben wir bald wieder einen Mordfall. Es ist wohl sinnvoll, ab jetzt die Presse einzuschalten. Ich danken Ihnen, das war sehr gute Arbeit.«

Mittwoch, 16. April, 22.00 Uhr, Schneiders Zuhause

Bevor Schneider seine Wohnung betrat, inspizierte er die Umgebung des Hochhauses. Eine innere Unruhe erfüllte ihn und er brauchte Gewissheit, ob dieser Wohnblock nicht Ziel nächtlicher Spanner war. Er dachte an den Vorfall mit seiner Tochter.

Da es um die Grundstücke keine Mauern gab, wusste er zunächst nicht wo er nach den Schriftzeichen suchen sollte. Sein beruflicher Instinkt führte ihn zu einem unansehnlichen grauen Stromkasten. Er zog eine mitgebrachte Taschenlampe aus seinem Mantel und suchte intensiv. Zunächst entdeckte er bunte Wachsmalkritzeleien von Kindern, doch dann stockte sein Herz. Seitlich fanden sich verschiedene Hieroglyphen fein säuberlich mit einem schwarzen, vermutlich wasserfesten Stift aufgemalt. Sie schienen ihm wie die brennenden Schriftzeichen an Belsazars Wand.

Seinem ersten Impuls folgend suchte er in der Innentasche seines Jacketts nach seinem Notizblock. Er schrieb die Zeichen ab, dann spuckte er auf sein Taschentuch und wollte sie wegwischen, doch sie ließen sich nicht entfernen. Zielstrebig ging er in seine Wohnung, grüßte kurz seine Frau, nahm eine Dose schwarze Schuhcreme und einen Lappen und verschwand wieder. Seine Frau schaute ihm verwundert nach. Wofür in aller Welt brauchte er um diese Zeit Schuhcreme?

Schneider übermalte den Code, lange würde die Schuhcreme nicht halten, doch heute Nacht würde keiner die Zeichen mehr entdecken können. Er beruhigte sich etwas.

Allerdings musste er augenblicklich überprüfen, welche Frauen das Ziel der Begierde waren. Vorsichtig schlich er sich über die Grundstücke der Parterrewohnungen und schaute in die Fenster. Sorglos zogen sich einige Nachbarinnen bei geöffneten

Vorhängen aus und gewährten so großzügige Einblicke in ihre Privatsphäre. Eines der Kürzel führte ihn zum Zimmer seiner Töchter. Also hatte Petra keine Halluzinationen. Als er sich der Bedrohung klar wurde, schnürte sich seine Kehle zusammen. Lautlos schlich er zurück.
Er erklärte seiner Frau sein sonderbares Verhalten, sagte ihr aber nicht, dass Petra ebenfalls belubbert wurde. Er bat sie noch, die Nachbarinnen zu warnen. Sie versprach sich gleich am nächsten Morgen darum zu kümmern, obwohl ihr das peinlich war.

Donnerstag, 17. April, 8.30 Uhr, Präsidium
Schneider hatte einen großen Stadtplan aufhängen lassen. Jeden bekannten Spannervorfall »ihres« Lubberers hatten sie mit roten Nadeln markiert. Er starrte auf die aufgehängte Karte und versuchte ein Muster zu erkennen. Schneider war sich sicher, dass es ein solches geben musste, irgendeinen Hinweis auf die Vorgehensweise des Täters. Dem Ganzen lag ein innerer Plan zu Grunde, dessen war er sich sicher; er musste ihn nur dechiffrieren.
Es zeichnete sich ein deutliches, aber beängstigendes Bild ab. In bestimmten Stadtgebieten drängten sich die Nadeln so dicht aneinander, dass einzelne Straßenzüge nicht mehr zu unterscheiden waren. Es war unglaublich, dass dieses nächtliche Treiben bisher nicht entdeckt worden war.
Schneider blickte auf die Karte und konzentrierte sich, während Schmidt die anderen Kollegen einwies. Er lauschte den Worten, die sanft an seinem Ohr vorüber rauschten und stierte weiter auf den Stadtplan. Das gebetsmühlenartige Geleier schläferte ihn ein und beflügelte gleichzeitig seine Fantasie. Plötzlich riss der Gedankennebel auf und eine Idee nahm Kontur an. Zunächst nur schattenhaft, doch je länger er darüber nachdachte, um so deutlicher wurde der Umriss. Er stand kurz vor einer wichtigen Erkenntnis. Jetzt durfte er diesen Gedankenfaden nicht verlieren, musste ihn zu Ende spinnen.

Endlich erfasste er das Muster, ein Lächeln breitete sich auf seinem Gesicht aus.
Er unterbrach Schmidt augenblicklich. »Fällt Euch etwas auf?«, fragte er ungehalten.
Die Männer vertieften sich in die Karte. Es herrschte Schweigen. Keiner sagte etwas, alle blickten auf das beunruhigende Wirrwarr. Ihnen blieb die Botschaft verborgen.
»Es ist nicht auf den ersten Blick zu sehen. Vielleicht liege ich auch mit meiner Vermutung falsch, aber ich erkenne ein Muster. Ich will euch das mal verdeutlichen.«
Er erhob sich, steuerte auf die Karte zu, stellte sich daneben und erklärte.
»Im Umfeld des tätlichen Übergriffs und des Tatortes häufen sich die Stecknadeln, während in den anderen Gebieten erheblich weniger Nadeln auftauchen. Ich mach euch das mal anhand andersfarbiger Nadeln klar.«
Schneider zog einige rote Nadeln heraus und tauschte sie gegen gelbe bzw. blaue aus. Nun sahen auch die anderen, dass sich gleichfarbige Nadeln auf bestimmte Gebiete konzentrierten. Die blauen umsteckten den Tatort, die gelben die Wohnung der Studentin.
»Ich habe die Nadeln nach den Zeitpunkten gesteckt, die uns die Frauen genannt haben, als der Mann aktiv in Erscheinung trat. Die gelben markieren die Zeiten *vor* dem tätlichen Angriff auf die Studentin, die blauen die *vor* dem Mord an den Kleins. Keine Frau hat den Lubberer mit Taschenlampe *nach* den Taten in den entsprechenden Gebieten gesehen. Nach jedem Übergriff hat er das Revier gewechselt. Ich glaube, dass er in diesen Arealen nicht mehr so schnell in Erscheinung treten wird. Er konzentriert sich auf einen anderen Bereich. Wir beziehen jetzt noch die Wohnorte der beiden Zeuginnen ein, von denen er vertrieben wurde.«
Schneider steckte zwei weitere Nadeln in die Karte. Das Muster wurde deutlicher.

»Bedeutet das, dass wir uns auf bestimmte Stadtgebiete beschränken können, dort wo es noch keine Übergriffe gegeben hat?«, meinte Franckh.
Schneider nickte zustimmend.
»Das Anwesen der Kleins liegt östlich des Stadtparks. Die Studentin wohnt am Annaberg, die eine Zeugin in Laubenheim, die andere in Gonsenheim. Wir werden deshalb unser Augenmerk auf den westlichen Teil des Parks, auf das obere Weisenau, die Hechtsheimer Höhe und Zahlbach in Uni-Nähe richten.«
Zöller entgegnete ihm »Das ist riskant. Sie pokern hoch. Was ist, wenn Ihre Vermutung falsch ist?«
»Ich hoffe, dass sie nicht falsch ist. Das bedeutet ja nicht, dass wir die anderen Gebiete außer Acht lassen. Auch dort werden weiterhin Polizisten Streife gehen. Aber wir haben zu wenig Personal, um alles flächendeckend zu überwachen. Ich tippe, dass er sein Revier nach Hechtsheim beziehungsweise auf den westlichen Stadtpark verlagert. Über Presse und lokales Radio ergeht eine Mitteilung an die gesamte Mainzer Bevölkerung, dass nachts wegen der Spanner alle Fenster und Türen geschlossen bleiben sollten. Ich möchte noch nichts über unseren aggressiven Lubberer hören. Die Meldung muss so allgemein wie möglich gehalten werden. Schmidt, regeln Sie das mit der Pressestelle.«
Schmidt hatte sich bereits Notizen gemacht. »Soll ich sofort gehen?«
»Ja. Die Nachricht soll heute Mittag bei der AZ und beim SWF sein. Vielleicht strahlen die es heute noch in den Rheinland-Pfalz-Nachrichten aus. Zöller, Sie koordinieren die Zusammenarbeit zwischen uns und der Bereitschafts- und Schutzpolizei. Wir brauchen durchtrainierte Beamte, die eine längere Verfolgung zu Fuß durchstehen. Weiß jeder, was er zu tun hat?«
Die Kollegen nickten zustimmend, der Ermittlungsapparat lief ab jetzt auf höchster Stufe. Endlich gab es einen Anhaltspunkt,

der den Männern den so lange ersehnten Motivationsschub verschaffte.

Die folgenden Tage

Die Beamten kontrollierten in regelmäßigen Abständen tags und nachts die entsprechenden Stadtteile, allerdings ohne Erfolg. Den Bürgern der Stadt blieb dies nicht verborgen und trotz der Hinweise aus den Medien gingen die ersten Anrufe besorgter Anwohner ein. Die Polizei beruhigte so gut es eben ging und versuchte eine Hysterie zu verhindern. Katharina Neu wollte Schneider präzisere Informationen entlocken, doch er ließ sich nicht festnageln. Es blieb bei der allgemeinen Warnung. Von einem aggressiven Spanner wussten die Menschen zu diesem Zeitpunkt noch nichts.

Nach sechs Tagen wandelte sich die anfängliche Unruhe in zornige Erregung. Die Menschen verlangten Aufklärung. Die Zeit drängte Schneider und es blieben nur noch 11 Tage bis zum nächsten Vollmond. In Absprache mit dem Polizeipräsidenten wurde eine Pressemitteilung verfasst, in der auf den aggressiven Einzelgänger hingewiesen wurde, der dadurch auffiel, dass er in Fenster leuchtete und sich in exhibitionistischer Weise produzierte.

Prompt wurden im Mainzer Stadtgebiet an jeder Ecke Exhibitionisten entdeckt. Ständig rückten Beamte der Sitte aus, doch es war immer nur blinder Alarm. Es kamen Zweifel auf, ob der Hinweis auf die »exhibitionistischen Züge« eine gute Idee gewesen war. Die Pressestelle korrigierte ihre erste Mitteilung. In dieser Hinsicht entspannte sich die Lage etwas.

Der Doppelmord war die ganze Zeit als lokales Phänomen betrachtet worden, doch mittlerweile wurden auch überregionale Zeitungen auf die Vorgänge in Mainz aufmerksam. Der Druck auf die Kripo und vor allem auf Schneider wuchs. Er wusste, dass die Spur mit jedem Tag kälter wurde und er fürchtete um die Glaubwürdigkeit seiner Theorie, wenn sich nicht bald etwas tat.

So trat die Mordkommission die Flucht nach vorn an, stellte sich nochmals den neugierigen Fragen der Presse. Der Saal war zum Bersten voll, als der Polizeipräsident Rede und Anwort stand. Auch Schneider war anwesend und studierte eingehend die Mienen der anwesenden Journalisten. Der fragende Ausdruck auf Katharina Neus Gesicht machte ihm klar, dass sie an der Theorie zweifelte. Sie hatte mittlerweile zur AZ gewechselt. Ihr Artikel würde sicherlich nicht besonders schmeichelhaft ausfallen.

Donnerstag, 24. April, 7.30 Uhr, Schneiders Zuhause
An diesem Morgen las er mit gemischten Gefühlen den Artikel. Frau Neu nahm wie erwartete kein Blatt vor den Mund und schonte die Kripo nicht.

Polizei bittet Mainzer Bürger um Mithilfe
von Katharina Neu
Der Mordfall Klein liegt nun beinahe drei Wochen zurück und noch immer tappt die Polizei im Dunkeln. Sie hat keine konkreten Hinweise auf den oder die Täter und verliert sich immer mehr in Spekulationen. So geht Hauptkommissar Paul Schneider davon aus, dass der Täter wahrscheinlich ein ›Lubberer‹ ist, der seinen Trieb nicht mehr unter Kontrolle hat und deshalb zum Mörder wird. Doch wer hätte schon einmal von einem gewalttätigen Spanner gehört? Normalerweise beobachten diese Männer sich ausziehende Mädchen und Frauen oder Pärchen beim Liebesakt aus sicherer Deckung.
Aus den Annalen der Kriminalgeschichte ist bisher kein Fall bekannt, in dem ein Voyeur zum Mörder geworden wäre. Dennoch erfüllen wir die Bitte der Mordkommission und veröffentlichen zum wiederholten Male den dringenden Aufruf Türen, Fenster und Rollläden während der Nacht geschlossen zu halten.
Ist jemandem aus der Bevölkerung ein Mann aufgefallen, der nachts gezielt mit einer hellen Taschenlampe in Zimmer leuchtet? Oder der sogar an Fenster klopft und Einlass begehrt? Sowohl die Polizei als auch unsere Redaktion sind für jeden Hinweis dankbar.

Die Kripo verspricht jeder Spur nachzugehen. Es wurde eine Sonderkommission eingerichtet, die Anrufe entgegen nimmt …

Schneiders Ärger hielt sich in Grenzen, es hätte schlimmer kommen können. Dennoch schimpfte er. »Diese Frau bringt mich noch um den Verstand. Sie ist überheblich und vorlaut.«
Seine Frau beschwichtigte ihn. »Die Frau macht doch nur ihre Arbeit.«
»Natürlich tut sie das. Es geht mir ja nur darum WIE sie es tut. Sie könnte ihre spitzzüngigen Bemerkungen ruhig für sich behalten.«
»Du weißt, wenn eine Frau Karriere machen will, muss sie sich viel mehr ins Zeug legen als ihre männlichen Kollegen. Frauen werden immer noch nicht ganz ernst genommen, vor allem wenn sie sich mit Politik oder der Gesellschaft auseinander setzen. Sie müssen viel mehr leisten als Männer, um die gleichen Chancen zu bekommen.«
»Na, übertreibst du nicht etwas?«, sagte Schneider mit einem Anflug von Gereiztheit.
»Ich denke nicht. Wie viele Frauen habt ihr in der Mordkommission? Wie viele Polizistinnen gibt es? Die einzigen weiblichen Angestellten bei euch sind entweder Sekretärinnen oder in der Verwaltung tätig. Was würdest du sagen, wenn eine deiner Töchter Kriminalbeamtin werden wollte?«
»Ich würde ihr abraten.«
»Warum?«
»Weil ein geregeltes Familienleben unmöglich ist. Vor allem, wenn sie Kinder will.«
»Und wenn sie keine will?«
»Dann wäre das etwas Anderes. Ich habe nichts gegen Frauen bei der Polizei. Im Gegenteil, Frauen haben einen Blick für soziale Probleme und können sich besser in ihr Gegenüber versetzen. Ich empfände es als Bereicherung, weibliche Kol-

leginnen zu haben. Aber diese Diskussion müssen wir ein anderes Mal beenden, ich muss zum Dienst.«
Er nahm seine Frau in den Arm und küsste sie zum Abschied.
»Ich weiß nicht, wann ich heute nach Hause komme. Warte nicht auf mich. Und denke an die Fenster und Türen.«
»Ja, ich vergesse das schon nicht. Wenn wir ins Bett gehen, werde ich alles verriegeln. Versprochen.«

Donnerstag, 24. April, Präsidium

Die Telefone standen nicht mehr still. Die Menschen wollten wissen, ob ihnen Gefahr drohte oder suchten Rat, wie sie sich schützen konnten. Unter all diesen Anrufen gingen im Laufe des Vormittags aber auch mehr als 20 Hinweise über einen ungewöhnlichen Lubberer ein. Diese Meldungen wurden sofort weitergegeben und Beamte suchten die Betroffenen auf.
Die Aussagen deckten sich in den wichtigsten Einzelheiten. Immer deutlicher zeichnete sich das Verhaltensmuster des Lubberers ab und untermauerte ihre Erkenntnisse. Er beobachtete Frauen und wenn sie ihn erregten, machte er auf sich aufmerksam, um dann vor ihren Augen zu onanieren.
Er hatte sogar bei fünf Frauen versucht in die Wohnung zu gelangen. Zum Glück war keine der Frauen auf den Schlüsseltrick eingegangen. Die Personenbeschreibungen deckten sich überwiegend und einige Opfer behaupteten, ihn bei einer Gegenüberstellung identifizieren zu können.
Bei einer Frau hatte er sich als sehr hartnäckig erwiesen. Er versuchte über zwei Wochen Kontakt zu ihr aufzunehmen, doch sie wies ihn immer wieder ab. Eines abends hatte er stundenlang vor ihrem Haus rebelliert, aber anstelle die Polizei zu informieren, rief sie ihren Freund. Dieser konnte ihn stellen und drohte ihn anzuzeigen, wenn er noch mal seine Freundin belästigte. Der Freund beschrieb den Mann als ängstlichen Typ, der »wie Espenlaub« gezittert und regelrecht um Gnade

gebettelt hatte. Er habe ihn aus Mitleid laufen lassen. Danach sei er nicht wieder aufgetaucht und seitdem herrschte Ruhe. Auch in diesem Fall war die Polizei nicht informiert worden. Die Beamten konnte dieses Verhalten nicht nachvollziehen. Scheuten die Menschen so sehr ihren »Freund und Helfer«? Woher rührte dieses Misstrauen?

Nun waren auch die letzten Zweifel ausgeräumt, dass es einen solch ungewöhnlichen Spanner gab. Die Bevölkerung war nun aufmerksam und würde es hoffentlich über längere Zeit bleiben.
Die ersten Anzeichen von Hysterie wurden erkennbar. Bessergestellte Anwohner besonders exponierter Gebiete zogen in Hotels. Töchter wurden abends von ihren Eltern abgeholt. Die Schlosser hatten alle Hände voll zu tun. Wer seine Souterrainfenster noch nicht vergittert hatte, erteilte einen Auftrag. Rollladenbauer waren ebenso begehrt. Viele Fenster wurden nachgerüstet und Sicherungen, die ein Hochschieben unmöglich machten, eingebaut. Sicherheitsketten für Haustüren, abschließbare Fenstergriffe und Bewegungsmelder fanden reißenden Absatz. Innerhalb weniger Tage waren diese Artikel in den Baumärkten der näheren Umgebung ausverkauft. Das Einbruchsdezernat wurde ständig zu Rate gezogen, so dass man schließlich eine Art »Büro für häusliche Sicherheit« einrichtete.

Donnerstag, 24.April, 20.00 Uhr, Schneiders Zuhause
Schneider saß mit seiner Familie beim Abendessen. Seine älteste Tochter stocherte lustlos auf ihrem Teller herum.
»Könntest du damit bitte aufhören! Das Gestochere macht mich nervös. Wenn du keinen Hunger hast, dann räum deinen Teller ab«, ermahnte er sie. »Hast du Probleme?«
»Nein, alles in Ordnung. Mich nerven nur meine Mitschülerinnen. Die fragen mich ständig über diesen dämlichen Doppelmord aus und wollen wissen, ob sie das nächste Opfer sein

könnten. Ich kann das schon nicht mehr hören. Wie soll ich mich verhalten?«

»Das ist eine schwierige Frage, auf die es keine eindeutige Antwort gibt. Es tut mir Leid, dass du unter dem Verhalten deiner Freunde leidest, aber dem kannst du nicht ausweichen. Du musst lernen, damit umzugehen. Sowie der Mordfall geklärt ist, haben sie das alles schnell vergessen.«

»Aber *wann* ist er denn endlich geklärt?«, fragte sie ihn mit aggressiver Stimme.

»Ich weiß es nicht. Wir arbeiten mit Hochdruck an der Sache. Aber alles an diesem Fall ist anders als sonst. Hier in Mainz gab es noch nichts Vergleichbares. Das Verhalten des Täters ist nur schwer nachvollziehbar. Er verhält sich absolut unauffällig. Du kannst deine Freundinnen übrigens zur Vorsicht mahnen. Jede könnte das nächste Opfer sein.«

»Na, das sind ja tolle Aussichten. Ich etwa auch?«

»Ausschließen kann man das nicht, aber du entsprichst nicht dem Opfertyp, du bist blond und nicht ganz so grazil«, versuchte er sie zu besänftigen.

»Na, da bin ich jetzt aber beruhigt. Wenn du mich zu fett findest, sag es doch gleich«, sagte sie erbost und stand auf.

»Petra, so habe ich das doch nicht gemeint. Dass ihr Frauen einem auch immer das Wort im Mund herumdrehen müsst.«

Seine Frau warf ihm einen Blick zu, der ihm klarmachte, wie wenig sensibel doch Männer sind.

»Ich habe ganz vergessen dir zu sagen, dass ich mit den Nachbarinnen geredet und sie auf ihre Sorglosigkeit hingewiesen habe. Frau Blies hat mich ziemlich düpiert gefragt, woher ich denn wisse, dass sie sich bei geöffneten Läden auszieht.«

»Stell dir vor, ich als Mann hätte ihr das gesagt. Die wäre mir doch glatt an die Kehle gesprungen«, entgegnete er ihr.

»Da wäre ich mir nicht so sicher. Die wäre sicherlich entzückt gewesen, wenn du ihr mitgeteilt hättest, dass du sie beim Ausziehen beobachtet hast. Hast du noch nicht bemerkt, welch

begehrliche Blicke sie dir in letzter Zeit zuwirft, seit du so oft in den Medien erwähnt wirst?«, neckte sie ihn.
»Oh, mein Gott«, stöhnte er. »Erstens habe ich sie gar nicht richtig beim Ausziehen beobachtet und dann ist sie der Typ Frau, der einen Mann freiwillig ins Zölibat treiben kann.«
»Mertens wollte wissen, warum du ihn letzte Woche abends im Garten nicht gegrüßt hast. Er dachte, du seist ärgerlich auf ihn.«
»Was für ein Blödsinn. Ich habe ihn seit mindestens drei Wochen nicht gesehen. Ich kann also gar nicht unhöflich gewesen sein. Warum ist der Mann nur so empfindlich und meint jeder sei ihm schlecht gesonnen?«
»Ich habe ihm gesagt, dass du schon lange nicht mehr abends im Garten warst. Aber er behauptet steif und fest, dich gesehen zu haben. Also erhebt sich die Frage, *wer* war der Mann? Er sagt, er hätte vor unserer Terrassentür gestanden und ins Wohnzimmer geschaut, während ich auf dem Boden gesessen und in einem Buch geblättert habe. Er hielt ihn demnach für dich. Allerdings wandte er sich ab, als Mertens ihn ansprach und ging in den dunklen Teil des Gartens.«
Schneider beschlich ein mulmiges Gefühl. Wahrscheinlich hatte einer dieser Kerle seine Frau belubbert. »Hat er ihn beschreiben können?«
»Na, wenn er ihn mit dir verwechselte, ist es wohl offensichtlich, wie er aussieht, oder? Mertens meinte noch, du seist ihm kleiner vorgekommen an jenem Abend. Meinst du, es war euer Spanner?«
»Ausschließen kann man das nicht. Unsere Wohnung liegt Luftlinie nur einen Kilometer von dem Ort entfernt, wo er das erste Mal eine Frau überfallen hat. Vorsicht ist also angebracht. Du hast mir doch versprochen die Türen zuzulassen.«
»Ja, aber es war noch gar nicht spät und die Luft war an dem Abend so gut. Ich habe auch nur ganz kurz auf Durchzug gestellt. Ich werde es aber jetzt nicht mehr tun, wenn du nicht da bist.«

»Das will ich doch hoffen.«
Schneider machte sich nun ernsthafte Sorgen um das Wohl seiner Familie. Er spürte, dass der Täter wieder zuschlagen würde. Die Frage war wo? Und würde er auch tatsächlich bis zum nächsten Vollmond warten?

Mittwoch, 30. April, 20.23 Uhr, Südbahnhof, Hexennacht
Die junge Frau stieg aus dem Zug. Sie fröstelte, als ein kühler Wind den Bahnsteig entlang blies. Sie sattelte den großen, orangefarbenen Tramperrucksack auf ihre Schultern und stieg die Treppen zur Unterführung hinab. Sie wandte sich nach links, stieg am Gleis 4 die Treppen hinauf und verließ über einen schmalen Fußweg den Bahnhof in Richtung Zitadelle. Sie war froh wieder zu Hause zu sein. Die letzten vier Wochen war sie mit einer Inter-Rail-Karte quer durch Europa gereist. Über Frankreich und Spanien war sie schließlich in Portugal gelandet und genoss dort die wärmende Sonne an der Algarve. Ihre Haut zeigte eine bronzene Tönung, ihr brünettes Haar war zu einem lockeren Knoten aufgesteckt.
Sie freute sich auf ein heißes Bad und auf ihr eigenes Bett. Die letzten zwei Nächte hatte sie in verschiedenen Zügen zugebracht. In der vergangenen Nacht hatte sie nur wenig Schlaf gefunden, da sich ihr Körper immer mehr verkrampft hatte. Am schlimmsten waren aber die Toiletten gewesen. Seit Barcelona konnte sie den körperlichen Ekel nur noch schwer unterdrücken. Sie war so wenig wie möglich zur Toilette gegangen und hatte beim Betreten der Toilettenräume immer die Nase zugehalten. Der Gedanke daran rief immer noch ein Würgen hervor. Jetzt atmete sie tief durch und roch die Würze des Frühlings.
Der Weg war steil und der Rucksack schwer. Sie kam außer Atem und blieb stehen, um Luft zu schöpfen, dabei stieß sie kleine Dampfwölkchen aus. Entlang der Straße erhoben sich hohe Bäume, dichtes Buschwerk säumte eine Seite. Sie war

froh, hier im Grüngürtel eine hübsche Wohnung gefunden zu haben.
Vor zwei Jahren war sie aus der Pfalz nach Mainz gezogen. Seit kurzem erst in eine nette kleine Wohnung. Sie konnte die dörfliche Enge nicht mehr ertragen, wo jeder über jeden Bescheid wusste. Sie suchte die Anonymität einer Stadt. Ihre Erinnerungen streiften ihren Heimatort, der am Fuße des Donnersbergs lag. Da fiel ihr ein, dass heute Hexennacht war. Die Jugendlichen des Dorfes zogen bestimmt los, um Schabernack zu treiben und Mitmenschen zu erschrecken. Früher hatte sie Gefallen an dem kindischen Treiben gefunden. Doch mit den Jahren hatten die Späße an Witz verloren und endeten immer häufiger in bloßen Sachbeschädigungen. Das ging sogar soweit, dass einige Jungs die Reifen eines PKW eines unbeliebten Dorfbewohners zerstachen. Dafür fehlte es ihr an Verständnis. Hier, in der Innenstadt von Mainz, schien der Brauch in Vergessenheit geraten.
In zehn Minuten würde sie ihr kleines Zweizimmer-Apartement erreicht haben. Die Wolkendecke riss auf und sie blickte auf den fast vollen Mond. Der sanfte Schimmer verlieh der Umgebung etwas wild-romantisches.
Plötzlich ergriff sie das Gefühl verfolgt zu werden. Im Urlaub hatte sie gelernt auf Gefahren sensibel zu reagieren. Abrupt drehte sie sich um und spähte in die feuchte Dunkelheit. Nichts. Weit und breit kein Lebenszeichen eines anderen Menschen. Ab und zu quälte sich ein Auto die Straße hinauf. Sie war versucht den Daumen zu heben, um mitgenommen zu werden, aber da sie nur noch wenige Meter Weg vor sich hatte, ließ sie es bleiben. Der Rucksack drückte schwer, doch sie beschleunigte ihre Schritte. Immer wieder lauschte sie und unterdrückte dabei das Geräusch ihres Atems. Totenstille. Sie war allein. Dennoch erschauerte sie. Sie tröstete sich damit, dass jemand wahrscheinlich die alte Tradition des Hexens wiederaufleben lassen wollte und nur einen Spaß mit ihr trieb.

Sie schrieb ihre Beklemmung der Müdigkeit zu, die sie immer mehr überfiel. Endlich bog sie um die Straßenecke, von der aus sie das Haus, in dem sie wohnte, sehen konnte. Zwei Polizeibeamte in grüner Uniform begegneten ihr. Das war schon lange nicht mehr vorgekommen. Sie war versucht, um Geleitschutz zu bitten. Doch welche Veranlassung hätten sie gehabt, ihrer Bitte nachzukommen?

Endlich stand sie vor der Tür. Über dem Eingang spendete eine Kugelleuchte spärliches Licht. Der Hausbesitzer hatte eine viel zu schwache Glühbirne eingesetzt. Sie ließ ächzend den Rucksack zu Boden fallen und wühlte nach ihrem Schlüssel. Aus den Augenwinkeln meinte sie einen Schemen wahrzunehmen, der sich schnell in den Schatten einer Mauer auf der gegenüberliegenden Straßenseite flüchtete.

Sie drehte sich um und suchte konzentriert die andere Straßenseite ab, aber sie konnte nichts entdecken. Ihre Nerven spielten ihr einen Streich. Länger als vier Wochen hatte sie sich in den unterschiedlichsten Gegenden Europas als Frau selbst behauptet, hatte Gefahren getrotzt und aufdringliche Männer abgewehrt. Was sollte ihr ausgerechnet hier im verträumten Mainz zustoßen?

Der Geruch in ihrer Wohnung war dumpf und stickig. Sie riss die Fenster im Wohn- und Schlafzimmer auf und schob die Vorhänge beiseite, damit die kühle Nachtluft ungehindert einströmen konnte.

Auf Regalen, dem Esstisch und der Konsole lag Staub. Die Pflanzen hatten ihre Abwesenheit gut verkraftet, ihre Freundin Corinne hatte sich um sie gekümmert. Wahrscheinlich hätte Corinne auch gelüftet, wenn sie gewusst hätte, dass sie früher als geplant zurückkehren würde.

Ihre Post lag ordentlich gestapelt neben dem Telefon. Die Zeitung hatte sie vor ihrer Abreise abbestellt, die nächste Ausgabe würde erst übermorgen wieder in ihrem Briefkasten stecken. Sie schlüpfte aus ihren Schuhen, ging ins Bad und ließ Wasser in die Wanne laufen. Während sie die Post sortierte, zog sie

ihre Jacke und ihren Pullover aus. Sie öffnete die Jeans, damit sich ihr geblähter Bauch entspannen konnte. Die tagelange Sitzerei und die desaströsen hygienischen Bedingungen hatten sich negativ auf ihre Verdauung ausgewirkt.
Schließlich zog sie die Jeans ganz aus, so dass sie nur in Slip und T-Shirt in der Mitte ihres Wohnzimmers stand. Sie fröstelte und schloss das Fenster. Als sie die Vorhänge zuzog, meinte sie das Glimmen einer Zigarette gesehen zu haben. Sie rieb sich über ihre Augen und schob die Halluzination ihrer Müdigkeit zu.
Im Bad entledigte sie sich ihrer restlichen Kleidungsstücke und wollte gerade in die Wanne steigen, als ihr einfiel, dass das Schlafzimmerfenster noch geöffnet war. Sie schlang ein Handtuch um ihren zierlichen Körper und ging es schließen. Sie blickte in den Garten, sah aber nur dunkle Büsche und den Goldregen, dessen gelbe Blüten im Mondschimmer hell leuchteten.
Aus ihrem Rucksack kramte sie eine mitgebrachte Flasche Rioja, öffnete sie, nahm ein Glas und stellte alles auf den Badewannenrand. Sie zündete ein gutes Dutzend Kerzen an, die eine romantische Stimmung heraufbeschworen und glitt vorsichtig in die Wanne. Versonnen summte sie eine spanische Melodie, nippte ab und zu an dem Rotwein und tauchte schließlich ganz unter. Nach einigen Sekunden kam sie an die Oberfläche und begann sich mit einem Schwamm in kreisenden Bewegungen abzureiben.
Sie überlegte, ob sie ihre Freundin anrufen sollte, entschied sich aber dagegen. Sie war zu müde, um zu telefonieren. Das konnte sie auch morgen noch tun. Der Rotwein und das warme Wasser verstärkten die Müdigkeit. Sie erhob sich, trocknete sich ab und cremte sich mit einer nach Apfel duftenden Körperlotion ein. Dann rubbelte sie ihre Haare trocken, kämmte sie und pustete sie kurz mit einem chromfarbenen Fön durch. Schließlich schlüpfte sie in ihr gelbes Babydoll, löschte die Kerzen, ließ das Wasser ab, nahm den Rotwein mit und legte sich ins Bett.

Die Bettwäsche roch etwas säuerlich, doch der zarte Apfelduft ihres Körpers überdeckte dies. Sie kuschelte sich ein und nahm ein Buch zur Hand, doch die Müdigkeit übermannte sie. Schließlich löschte sie das Licht und fiel in einen traumlosen Schlaf.

Freitag, 2. Mai 1975, 10.00 Uhr, Abtsgasse

Corinne lehnte ihr Fahrrad an die Mauer. Sie strich den karierten Kasak glatt und krempelte die weiten Hosenbeine nach unten. Dann nahm sie die Einkaufstüte aus dem Fahrradkorb und angelte die Zeitung aus dem Kasten. Sie überflog die Titelseite. Dicke Lettern warnten alle jungen Frauen, an diesem Wochenende achtsam zu sein. Sie schüttelte den Kopf, denn sie hielt die Warnungen für übertrieben. Nur weil zwei Frauen, Mutter und Tochter, getötet worden waren, lebte in Mainz noch längst kein Massenmörder. Sie interpretierte das Verhalten der Polizei als Ablenkungsmanöver, da sie nicht in der Lage war, den Mörder endlich zu finden.

Dennoch musste sie Franziska die Geschehnisse der letzten Wochen mitteilen. Sie war abgereist, bevor der Doppelmord entdeckt worden war und hatte sicherlich nichts von der ganzen Aufregung mitbekommen. Heute morgen würde ihre Freundin zurückkommen. Corinne wollte die Wohnung vor ihrer Ankunft lüften und etwas zu essen bereitstellen.

Sie steckte den Schlüssel ins Schloss und öffnete die Tür. Verwundert stellte sie fest, dass nicht zweimal zugeschlossen war. Normalerweise drehte sie den Schlüssel solange um, bis er sperrte. Hatte sie das etwa bei ihrem letzten Besuch vergessen? Die Tür war nur eingeklinkt. Vorsichtig blickte sie in die Wohnung und sah, dass Franziskas Rucksack mitten im Zimmer stand.

Sie war also schon vorzeitig zurückgekehrt, wahrscheinlich vergangene Nacht. Sicher war sie todmüde zu Bett gefallen, Franziska wusste, wie anstrengend solche Reisen waren. Sie ging in die Küche, kochte Tee und richtete ein Tablett. Leise schlich sie in das Schlafzimmer, um ihre Freundin nicht zu wecken. Sachte drückte sie mit ihrer freien Hand die Klinke nach unten, stieß vorsichtig die Tür mit der Schulter auf und blickte freudig erregt in Richtung Bett.

Sie hörte wie sie laut um Hilfe schrie. Das Tablett fiel scheppernd zu Boden, heißer Tee übergoss ihren linken Oberschenkel, eine Tasse rollte hinaus in die Diele. Sie drehte sich um, stieß dabei an den Türrahmen und versuchte in wilder Panik die Wohnung zu verlassen. Strauchelnd fiel sie hin und hörte immer noch ihr hohes, schrille Gekreische. Sie wollte damit aufhören, konnte aber nicht. Sie musste einfach schreien. Unfähig sich zu erheben, krümmte sie sich wie ein Embryo auf den harten Fasern des Sisalteppichs. Allmählich beruhigte sie sich, das Geschrei ebbte ab und wandelte sich in haltloses Schluchzen. Sie hatte praktisch keine Kontrolle über ihren von dieser Attacke heftig geschüttelten Körper. Sie schlang die Arme um die Brust, als könne sie sich selbst Wärme spenden. Doch das Zittern ließ nicht nach. An der Tür hörte sie ein Hämmern und lautes Rufen.

Sie suchte nach Worten, fand aber keine. Statt dessen wimmerte sie wie ein kleines Kind, das in einem dunklen Zimmer eingesperrt worden war und Angst vor der Dunkelheit hat. Die Stimme an der Tür wurde lauter, versuchte sie aber gleichzeitig zu beruhigen.

»Brauchen Sie Hilfe? Machen Sie mir auf, dann helfe ich Ihnen.«

Sie stöhnte und zwang sich klar zu formulieren. Mehr als ein undeutliches »Ja« brachte sie nicht über ihre Lippen.

»Können Sie öffnen, oder sollen wir den Hausmeister holen?«

»Ich weiß nicht«, stammelte sie hilflos. »Ich kann mich nicht bewegen.«

»Versuchen Sie es, bitte.«

Sie robbte über den Boden und blickte unablässig auf die Eingangstür. Sie durfte ihren Kopf nicht drehen und auf das Inferno hinter ihrem Rücken schauen. Sie zwang sich auf die

Knie zu kommen. Schließlich bekam sie einen Stuhl zu fassen, zog sich an ihm hoch und tastete sich mit tränenblinden Augen zur Tür. Ihre Hände wollten den Türgriff umdrehen, doch sie rutschten ab. Verwundert entdeckte sie, dass sie voll feuchtem, rubinrotem Blut waren. Sie musste sich verletzt haben, als sie stürzte. Eine Porzellanscherbe ragte aus der Handinnenfläche. Sie verspürte keinen Schmerz, doch verleitete diese Entdeckung sie wieder zu lauten und unkontrollierten Schreien. Sie putzte die Hände reflexartig an ihren weißen Jeans ab. Solange bis sie ihr sauber genug erschienen. Erst dann wagte sie, die Tür zu öffnen. Mit verzweifelter Kraft drehte sie am Knauf und endlich sprang die Tür auf. Davor stand ein Mann mittleren Alters. Er breitete seine Arme aus und fing sie auf. Sachte ließ er sie zu Boden gleiten, versicherte sich, dass sie ruhig war und stieg dann über ihren Körper vorsichtig in das Apartment. Er brauchte gar nicht weit hinein zu gehen. Das Schlafzimmer lag in direkter Flucht zur Eingangstür.
Sein Blick fiel auf eine weiße Wand, die mit Blutspritzern übersät war. Er entdeckte einen zarten, gebräunten Frauenkörper, der unnatürlich verrenkt quer über einem Bett lag. Tote Augen starrten ihn an.
Sofort zog er sich zurück und lehnte die Tür an. Inzwischen hatten sich mehrere Personen auf der Treppe eingefunden. Er bat eine Nachbarin, die Mordkommission und einen Arzt zu alarmieren. Dann setzte er sich vor die Tür und bewachte wie Cerberus den Eingang. Sanft hob er den Kopf der bewusstlosen Frau und strich ihr das angstfeuchte Haar aus der Stirn. Er murmelte leise Worte der Beruhigung. Sie blieben nicht ungehört und die junge Frau öffnete vorsichtig die Lider.
»Habe ich das geträumt?«, fragte sie ihn voll verzweifelter Hoffnung.
Er schüttelte wortlos den Kopf und zog sie in seine Arme. Tränen schossen aus ihren Augen und durchnässten sein braunes Cordhemd. Er wiegte sie, wie ein Vater sein Kind wiegt, wenn es keine Ruhe findet.

In weniger als zehn Minuten war Schneider mit seinen Männern vor Ort. Der Arzt war vom nahe gelegenen Alice-Krankenhaus herbeigeeilt und versorgte bereits Corinne, nachdem er festgestellt hatte, dass die andere Frau seit mehr als vierundzwanzig Stunden tot war. Schneider stürmte ins Treppenhaus und trat zu einem Mann der die Tür mit Argusaugen bewachte. Dieser sagte, dass er die Frau gefunden hatte, dann trat er beiseite unter der Beteuerung nicht mehr als zwei Schritte in die Wohnung gemacht zu haben. Er nannte ihnen seinen Namen und zog sich in seine Wohnung im ersten Stock zurück.
Die Spurensicherung nahm ihre Arbeit auf.
Schneider, Franckh und Schmidt drängten sich im Wohnzimmer während die Spurensicherung das Schlafzimmer untersuchte. Der Notarzt hatte die junge Frau verarztet und in das Alice-Krankenhaus eingewiesen. Er meinte, dass sie unter Schock stehe und frühestens morgen vernehmungsfähig sei.
Schneider schaute aus dem Fenster in einen verwilderten Garten. Er registrierte die blühende Spiräenhecke, das satte Grün des hochgeschossenen Rasens und vereinzelte Waldanemonen, die gerade ihre Blüten öffneten. Sein Blick blieb auf einer flachgetretenen Stelle unter einem üppigen Goldregen hängen.
»Franckh, Schmidt, wir gehen in den Garten. Es sieht so aus, als habe dort jemand gestanden.«
Den Kollegen im Schlafzimmer rief er zu, dass sie nach draußen gingen.
Sie lehnten die Tür an und gingen außen um das Haus herum. Schneiders Augen hatten ihn nicht getäuscht. Unter dem Goldregen war das Gras in der Größe eines Quadratmeters umgeknickt.
Franckh und Schmidt blieben in sicherem Abstand stehen, Schneider näherte sich vorsichtig, damit er keine Spuren vernichtete. Er bückte sich und suchte mit seinen Augen intensiv den Rasen ab. Schließlich erspähte er unweit des Goldregens eine Zigarettenkippe, hob sie aber nicht auf. Das war Sache der

Kollegen von der Spurensicherung. Er blickte Richtung Wohnung und sah, dass man von dieser Position sowohl das Wohn- wie auch das Schlafzimmer gut im Blick hatte. Außerdem bemerkte er, dass Fußspuren zum Schlafzimmerfenster führten. Er beauftragte Franckh und Schmidt den Garten abzuriegeln, damit niemand ihn unbefugt betrat. Außerdem sollten sie nach dem Symbol der Spanner suchen. Er selbst ging zurück und teilte Werner mit, was er entdeckt hatte.

»Es sieht so aus, als habe er im Garten gestanden und das Mädchen beobachtet. Er könnte durch das Schlafzimmerfenster eingedrungen sein. Zumindest führen Spuren bis dorthin.«

»Gut, das werden wir sofort in Augenschein nehmen. Ich sage es Pfitzer.«

Kurz darauf kehrte er zurück. Schneider hatte inzwischen den Rucksack inspiziert. Dabei war ihm das Ticket in die Hände gefallen. Werner trat neben ihn. Schneider war erschüttert, er blätterte im Pass und kontrollierte die Stempel.

»Der Notarzt hat Recht. Das Mädchen ist seit mehr als einem Tag tot. Sie entspricht dem Opfertyp?«

Werner nickte. »Ihre Verletzungen sind beinah identisch mit denen der Carola Klein. Auch sie hat sich gewehrt. Davon zeugen eine umgestoßene Rotweinflasche, ein zerbrochenes Glas. Außerdem sind Teile des Lattenrostes durchgebrochen.«

»Verdammt noch mal. Sie ist am 30. April mit dem Zug am Südbahnhof angekommen. So steht es auf dem Ticket. Sie reiste vier Wochen quer durch Westeuropa und war, wenn man dem Stempel in ihrem Pass glauben darf, vor den ersten Morden bereits außer Landes. Sie hatte keine Ahnung, was hier in der Zwischenzeit vorgefallen ist.«

Werner entgegnete ihm: »Nehmen Sie es nicht persönlich. Das konnte niemand verhindern. Aber widerspricht das nicht seinem gewohnten Verhalten?«

»Ja eindeutig. Aber dafür gibt es bestimmt eine Erklärung. Vielleicht stand er unter Zeitdruck. Immerhin war Donnerstag Maifeiertag. Vielleicht musste er über ein verlängertes Wochenende wegfahren, vielleicht besucht er gerade Verwandte. Dann hätte er nicht spannen gehen können.«

Werner sprach weiter: »Ich versuche mal den Mordabend zu rekonstruieren. Sie hat sich im Wohnzimmer teilweise ausgezogen und dann gebadet. Davon zeugen die verstreuten Kleider. Wahrscheinlich hat sie alle Fenster aufgerissen, denn nach langer Abwesenheit ist die Luft in Räumen stickig. Der Kerl hat die Gunst der Stunde genutzt und ist durch ein offenes Fenster eingestiegen. Wahrscheinlich während sie badete. Wir haben wie im ersten Fall keinen Hinweis auf gewaltsames Eindringen; aber wenn das Fenster offen war, gibt es selbstverständlich keine Einbruchspuren.«

»Das setzt voraus, dass er sich versteckt haben muss, sonst hätte sie ihn entdeckt und sicher um Hilfe geschrien. Die Wohnung ist nicht besonders groß. Er musste davon ausgehen, dass sie noch mal in die Küche und das Wohnzimmer geht. Das reduziert die Versteckmöglichkeiten erheblich. Ich vermute, er hat sich einfach unter ihr Bett gelegt. Dort konnte er in Ruhe abwarten, bis sie eingeschlafen war. Sie könnte ihm aber auch geöffnet und ihn freiwillig hereingelassen haben.«

»Glauben Sie das wirklich?«

»Nein, aber warum wartet er? Denkt er, dass er eher zum Ziel kommt, wenn die Frauen schlaftrunken sind?«

»Wir dürfen nicht außer Acht lassen, was Professor Popp über ihn gesagt hat. Ich glaube, dass sein mangelndes Selbstbewusstsein, ihn zu diesem Verhalten zwingt. Er kann nicht offen mit den Opfern Kontakt aufnehmen, weil er fürchtet, abgewiesen zu werden. Vielleicht braucht er aber auch die Zeit zur Steigerung seiner Erregung. So, ich werde nun die Hausbewohner befragen. Franckh und Schmidt sichern den Garten, solange bis Unterstützung kommt. Wenn die eingetroffen ist, schicken Sie mir die beiden bitte nach.«

»In Ordnung. Wir werden das Fensterbrett nach Trittspuren absuchen und nachschauen, ob er unter dem Bett gelegen hat sowie die junge Frau abgeholt ist.«

Schneider begab sich zu den Nachbarn in der gleichen Etage. Auf sein Klingeln öffnete niemand. Im ersten Stock hatte er mehr Glück. Dort gab es zwei Wohnungen. In einer wohnte der Zeuge. Auf dem anderen Türschild stand Kleinschnieder. Er hatte den Klingelknopf kaum gedrückt, da wurde die Tür aufgerissen und eine blonde Frau mittleren Alters öffnete ihm. Sofort erkannte sein geschultes Auge, dass er hier dem Typ Frau gegenüber stand, deren Lebensinhalt darin bestand, sich vorwiegend um die Angelegenheit Anderer zu kümmern. Sie hatte sicherlich die ganze Zeit auf der Lauer gelegen und auf einen Polizisten gewartet. Ihr sorgfältig zurecht gemachtes Äußere stand im krassen Kontrast zu dem leichten Alkoholdunst, der sie umwehte.

Schneider straffte seine Schultern und wollte sich gerade vorstellen, da hatte sie ihn schon in die Diele und dann in das Wohnzimmer bugsiert. Der Tisch war gedeckt und eine große Platte schön arrangierter Brötchen stand in der Mitte. Bei diesem Anblick verspürte er Hunger.

»Setzen Sie sich«, sagte sie und drückte ihn sacht in einen lindgrünen Clubsessel aus Kunstleder. Schneider erschauerte bei dem Geräusch, das er hervorrief, als er sich setzte.

»Dieses Verbrechen hat mich so schockiert, dass ich mir einen Cognac genehmigen musste, möchten Sie auch einen?«, fuhr sie munter fort.

Er schüttelte den Kopf.

»Aber ich brauche noch einen, sonst steh ich das nicht durch.«

Schneider fragte sich, was sie durchzustehen hatte, die lange Einsamkeit eines Tages oder die kurze Befragung durch ihn. Er räusperte sich und stellte sich vor.

»Ich bin Hauptkommissar Schneider von der Mordkommission und möchte Ihnen kurz einige Fragen stellen.«

Er hatte »kurz« besonders betont, war sich jedoch sicher, dass seine Gesprächspartnerin dies ignorieren würde und fügte darum sicherheitshalber hinzu:

»Leider habe ich nicht viel Zeit. Meine Kollegen kommen gleich aus dem Garten. Sie suchen mich.«

»Machen Sie sich mal keine Sorgen, meinen Ohren entgeht nichts. Ich höre Ihre Kollegen schon. Ich erkenne nämlich jeden Hausbewohner an seinem Schritt und Fremde fallen mir sofort auf. Mein Nachbar, Herr Schlüter, hat zum Beispiel einen schleppenden Gang ...«

Bevor sie ihm die Bewegungsmuster aller Hausbewohner schildern konnte, unterbrach Schneider ihren Redefluss. »Waren Sie am 30. April abends zu Hause?«

Sie ignorierte seine Frage. »Sie zum Beispiel haben einen forschen Gang mit weit ausholenden Schritten. Sie nehmen zwei Stufen auf einmal und sind sehr selbstsicher. Mein Mann sagt immer, an mir ist eine Psychologin verloren gegangen.«

Schneider atmete tief durch. Das war das letzte, was er an diesem Morgen gebrauchen konnte, eine Amateurpsychologin, die der Polizei gutgemeinte Ratschläge erteilte. Wahrscheinlich verfügte sie auch noch über intuitive Fähigkeiten und würde gleich sein Karma interpretieren. Er musste seine Gangart beschleunigen, sonst säße er heute Nachmittag noch hier.

»Frau Kleinschnieder, Sie haben wirklich beachtliche Talente. Solche Zeugen wie Sie brauchen wir. Aber die Polizei muss sich auf Fakten berufen können und darf ihren Ermittlungen keine vagen Vermutungen zu Grunde legen. Ich appelliere deshalb an ihre Logik und ihr ausgezeichnetes Beobachtungsvermögen. Waren Sie vorgestern zu Hause?«

Seine Worte hatten sie beeindruckt. Sie strich ihren Rock glatt, legte die Stirn in Falten und schien nachzudenken.

»Ja, ab 20.30 Uhr waren wir da. Vorher habe ich meinen Mann vom Büro abgeholt und wir waren zusammen eine Kleinigkeit essen. Dann haben wir es uns gemütlich gemacht. Er las die Zeitung und ich löste Kreuzworträtsel. Sie müssen wissen, das ist mein Hobby. Ich finde, dass es den Verstand in Schwung hält ...«

Wieder unterbrach Schneider ihre Ausführungen. Tipps, die sich positiv auf die mentale Jungerhaltung seines Gehirns auswirkten, brauchte er ganz sicher nicht.
»Ist Ihnen etwas Ungewöhnliches aufgefallen? War Frau Köster da schon zu Hause?«
Sie antwortete ihm nicht gleich, sondern drängte ihn, etwas zu essen und zu trinken. Schneider fügte sich, Gegenwehr schien hier zwecklos. Er wollte diese Befragung so schnell wie möglich beenden. Mit einem Seufzer griff er nach einem Brötchen und biss hinein.
»Also, Frau Köster war da noch nicht in ihrer Wohnung. Zumindest brannte kein Licht. Das weiß ich noch so genau, weil ich mich fragte, wie lange sie wohl noch im Ausland bleibt. Wir hatten es uns gerade bequem gemacht, da hörte ich, wie unten die Haustür aufgeschlossen wurde und kurz später ihre Tür im Erdgeschoss zuschnappte. Jeder Mieter schließt seine Tür auf seine Weise. Also wir ziehen unsre leise ins Schloss, damit wir niemand stören. Aber andere sind weniger rücksichtsvoll …«
Schneider musste wieder intervenieren.
»Sie kehrte gegen 20.45 Uhr zurück. Ist das richtig?«
Sie schaute etwas düpiert, weil er ihre Ausführungen unterbrochen hatte. »Ja. Dann hörte ich, wie sie die Fenster aufriss. Zehn, fünfzehn Minuten später ließ sie Badewasser ein. Um diese Zeit, stellen Sie sich das mal vor. Ich weiß, dass zum Beispiel Frau Krause, die auch im Erdgeschoss wohnt, manchmal früh zu Bett geht. Die ist Krankenschwester und je nachdem wie ihre Schicht ist …«
»Gut, also lassen Sie mich zusammenfassen. Sie kam nach Hause, lüftete, ließ sich ein Bad ein und weiter?«
Er strapazierte die Geduld seines Gegenübers. Diese Frau war es gewohnt unablässig zu plappern und nicht unterbrochen zu werden. Weniger verbindlich fuhr sie fort. »Ja. Dann schloss sie ein Fenster. Ich denke, das war das im Wohnzimmer und stellte das Wasser ab. Kurz später schloss sie ein zweites Fenster.

Dann habe ich zwanzig, dreißig Minuten nur das Plätschern von Wasser gehört. Schließlich hat sie es abgelassen und von da ab herrschte Ruhe.«
»Sie müssen ja Ohren haben wie ein Luchs.«
Frau Kleinschnieder ignorierte seinen Sarkasmus.
»Ich habe eben ein Gespür für Situationen. Außerdem ist unser Badezimmer genau über dem von Frau Köster. Die Wannen sind aus Stahlemail und das Wasser leitet den Schall unglaublich.«
»Haben Sie vielleicht später in der Nacht sonst noch etwas gehört?«, fragte er sie.
»Mein Mann hat gegen 22.00 Uhr den Fernseher eingeschaltet, da er noch Nachrichten sehen wollte. Ich meinte kurz später ein dumpfes Poltern zu hören, doch das kann ich nicht bezeugen. Ansonsten hörte ich nichts mehr.«
»Um welche Uhrzeit hörten Sie das Poltern?«
»Gegen 22.10 Uhr, denke ich.«
»Sie schauten nicht aus dem Fenster an jenem Abend?«
»Nein, warum sollte ich. Bevor ich weg ging, zog ich die Vorhänge zu. Ich nehme die Warnungen der Polizei ernst. Es bestand keinerlei Veranlassung später noch mal hinaus zu schauen.«
Sie hielt inne und drehte ihren Kopf. »Ich glaube, Ihre Kollegen kommen.«
Tatsächlich hörte er Schritte auf der Treppe. Schnell nutzte er seine Chance, stand auf und folgte ihr zur Tür.
»Vielen Dank Frau Kleinschnieder. Sie haben uns sehr geholfen. Ich werde das protokollieren und der Akte beifügen. Können sie zur Unterschrift ins Präsidium kommen?«
»Aber gern«, sagte sie enttäuscht, ärgerlich, dass er ihr so schnell entwischen wollte. Doch so leicht ließ sie sich nicht abschütteln. Schneider hatte schon an der anderen Wohnungstür geklingelt, da rief sie laut, dass ihr noch etwas Wichtiges eingefallen sei. Schneider gab Franckh mit einem Schulterzucken und einer Kopfbewegung zu verstehen, dass

er ihre Aussage aufnehmen sollte. Dieser spürte die leichte Gereiztheit seines Chefs und ahnte, was auf ihn zukommen würde.
Herr Schlüter öffnete und führte die Beamten in das Esszimmer. Die Wohnung war blitzsauber, es roch angenehm nach altem Holz. Schwere, antike Möbelstücke waren dezent verteilt, ohne den Raum zu überladen.
Die Männer nahmen an einem Nussbaumtisch Platz, in dessen Mitte ein Strauß weißer Flieder betörend seinen Duft verströmte. Schneider dachte voll Ironie an die bekannten Liedzeilen ein.
Schlüter begann das Erlebnis vom Morgen zu schildern.
»Das arme Ding konnte gar nicht aufhören zu schreien. Sie war regelrecht hysterisch. Aber wer weiß, wie ich an ihrer Stelle reagiert hätte.«
»Waren sie am Mittwoch Abend zu Hause?«, fragte Schmidt.
»Nein, ich bedaure. Mittwochs ist mein Skat-Abend. Wir treffen uns regelmäßig im ›Roten Kopf‹ und spielen von 20.00 Uhr bis gegen 23.00 Uhr. Als ich nach Hause kam, fiel mir nichts auf. Die Fenster der anderen Wohnung waren dunkel. Frau Köster erwähnte vor ihrer Abreise, dass sie erst heute heimkommen wollte.«
Schneider wollte Genaueres über das Mordopfer erfahren und sein Gesprächspartner schien ihm für diese Auskunft besser geeignet als Frau Kleinschnieder. Ihre Beurteilung wäre sicher weniger neutral ausgefallen als die Schlüters.
»Kannten Sie Frau Köster näher?«
»Eigentlich nicht. Sie wollte keinen engen Kontakt. Sie kam aus einem kleinen Dorf in der Pfalz und kam in die Stadt um dieser Enge zu entfliehen. Sie hat nicht viel über sich preisgegeben. Ich habe allerdings die Vermutung, dass sie lesbisch war.«
»Was hat sie zu dieser Erkenntnis gebracht?«
»Na, sie war ein gut aussehendes, junges, lebenslustiges Mädchen, ging regelmäßig an den Wochenenden aus und fuhr allein in Urlaub. Auffallend war, dass sie nie Männerbesuch

bekam. Das ist sogar der Kleinschnieder aufgefallen und sie hat spitze Bemerkungen gemacht. Ich hab gar nicht hingehört. Wenn sie Besuch bekam, dann waren es Frauen, mit denen sie bis spät in die Nacht zusammen war. Nicht, dass Sie mich für einen Spanner halten, aber eines Abends holte ich meine Wäsche von der Leine im Garten. Ihr Fenster war hell erleuchtet und der Vorhang war nicht zugezogen. Sie und ihre Freundin schmusten dürftig bekleidet auf dem Sofa. Die Situation war also eindeutig. Sie hat übrigens nie die Vorhänge zugemacht und oft lange gelüftet. Sie war eine Frischluftfanatikerin. Seit diesem Erlebnis bin ich nicht mehr abends in den Garten gegangen. Mir war das peinlich und man gerät so schnell in falschen Verdacht.«
Schneider glaubte ihm. »Ist Ihnen in jener Nacht irgendetwas ungewöhnlich vorgekommen?«
»Lassen Sie mich überlegen.« Schlüter runzelte die Stirn. »Ja, aber ich habe dem keine Bedeutung beigemessen. Jetzt erscheint das natürlich in einem anderen Licht. Ich habe um halb zwölf als ich heimkam die Haustür von innen zugeschlossen. Die Mieter haben das untereinander vereinbart, seit dem die Morde im April waren. Momentan schlafe ich schlecht, da es auf Vollmond zugeht. Ich meinte mitten in der Nacht, gegen drei Uhr ein Rütteln an der Haustür gehört zu haben. Aber ich bin mir nicht sicher. Ich war ziemlich schlaftrunken. Denken Sie, dass es der Mörder gewesen sein könnte?«
»Möglich ist es. Alle Fenster waren heute morgen verschlossen.«
»Aber wieso ist er nicht in die Wohnung zurück und durch ein Fenster nach draußen?«
»Wahrscheinlich hat er die Tür hinter sich zugezogen und sich so den Weg versperrt. Frau Kösters Schlüssel lag noch im Flur.«
Schlüter schaltete schnell. »Das würde bedeuten, dass er die ganze Nacht im Haus gefangen war und erst am Morgen,

nachdem jemand aufgeschlossen hatte, hinaus konnte. Aber da müsste er sich versteckt haben.«
»Ja, diese Schlussfolgerung erscheint logisch. Gibt es eine Möglichkeit, sich zu verstecken?«
»Mehrere. Auf jedem Stockwerk gibt es eine kleine Kammer, in der die Sicherungen und die Haupthähne für die Wasserleitungen der einzelnen Wohnungen untergebracht sind. Die sind aber nicht viel größer als eine Besenkammer. Außerdem könnte er in den Keller gegangen sein. Die Kellertür ist nie verschlossen. Dort unten stehen zwei Waschmaschinen und es sind Wäscheleinen gespannt. Außerdem gibt es Verschläge für jede Mietpartei.«
»Gut. Dann wird die Spurensicherung alles überprüfen müssen.«
Schmidt hatte die ganze Zeit nachgedacht. Schließlich setzte er zum Sprechen an. »Seit wann wohnte Frau Köster hier?«
Herr Schlüter überlegte. »Das ist noch nicht sehr lange. Ich bin mir nicht sicher, aber sie ist entweder am 1. oder am 15. März dieses Jahres eingezogen. Der Vermieter kann Ihnen das sagen. Wollen Sie seine Adresse?«
Schmidt nickte. Während Schlüter Papier und Stift holte, um die Adresse aufzuschreiben, fragte ihn Schneider: »Warum wollen Sie das wissen?«
»Es gibt keine Spannerzeichen. Sie war in der Szene anscheinend noch nicht allzu bekannt.«
Schneider nickte anerkennend. »Also könnte er ihr vom Bahnhof aus gefolgt sein.«
»Ja, das scheint logisch.«
Sie verabschiedeten sich von Schlüter. »Vielen Dank für Ihre Kooperation. Falls Ihnen noch etwas einfällt, melden Sie sich bitte.«
»Auf Wiedersehen.« Schlüter führte sie zur Tür und schloss sie leise hinter ihnen.
Franckh war scheinbar immer noch bei Frau Kleinschneider. Schneider beauftragte Schmidt ihn loszueisen. Er selbst begab

sich in die Wohnung der Toten. Dort inspizierte gerade Mendel die Leiche. Er schaute auf, als Schneider eintrat.
»Sie hatten also doch recht mit Ihrer Vermutung, dass er wieder zuschlägt. Nur war am Mittwoch noch kein Vollmond.«
»Ich weiß, darüber habe ich schon mit Werner gesprochen. Es besteht immerhin die Möglichkeit, dass er bei Vollmond nicht hier sein kann. Gestern war Feiertag. Er könnte über das Wochenende weg gefahren sein, eventuell zu Verwandten. Denen würde seine Abwesenheit auffallen.«
»Sie haben wirkliche eine rege Fantasie. Ich muss zugeben, dass diese Möglichkeit besteht. Übrigens sind die Verletzungen fast identisch wie bei Carola Klein. Nur hat sich das Mädel hier nicht so sehr gewehrt.«
»Sie ist von einem anstrengenden Urlaub zurückgekommen und war wahrscheinlich todmüde.« Schneider hätte sich für diese Äußerung am liebsten die Zunge abgebissen. Mendel reagierte nicht.
»Sie ist seit mehr als 30 Stunden tot. Das ist aber nur eine Schätzung. Ob sie vergewaltigt wurde, kann ich noch nicht definitiv sagen. Es gibt allerdings Hinweise, Näheres zeigt sich bei der Obduktion. Ich frage mich, warum ihr Oberkörper nicht blutverschmiert ist. Das habe ich mich übrigens schon bei Carola gefragt.«
»Wir gehen davon aus, dass die Frauen ein Babydoll trugen und der Mörder es als eine Art Trophäe nach der Tat mitgenommen hat.«
»Es wird Zeit, dass Sie ihn kriegen«, entfuhr es Mendel.
»Sie sagen das so einfach. Dieser Mann hinterlässt aus irgendeinem Grund kaum Spuren. Entweder ist er ausgebufft oder er hat unverschämtes Glück. Aber die Spurensicherung ist noch nicht abgeschlossen. Irgend wann macht er einen Fehler und dann kriegen wir ihn.«
»Es ist nur die Frage wann«, meinte Mendel. »Ich beeile mich mit der Obduktion. Kann der Leichnam abtransportiert werden?«

»Ja, nehmen Sie sie mit.«
In diesem Augenblick kamen zwei dezent gekleidete Männer mit einem Zinksarg durch die Wohnungstür. Bedächtig traten sie ins Schlafzimmer, stellten den Sarg ab, hoben den Deckel und betteten die Tote vorsichtig hinein. Der Jüngere der Beiden war blass um die Nase. Mit einem kurzen Gruß verabschiedeten sie sich und brachten den Sarg in den Leichenwagen.
Schneider fühlte sich plötzlich vier Wochen zurückgesetzt und wütende Verzweiflung erfasste ihn. Dieses sinnlose Morden musste endlich ein Ende haben.
Die Kollegen von der Spurensicherung untersuchten nun das Bett und den Boden darunter genauer und bestätigten Schneiders Annahme, dass der Mörder sich unter dem Bett versteckt hielt.
Vor dem Haus hatte sich ein Pulk Neugieriger versammelt. Als Schneider ins Freie trat, meinte er die Journalistin zu entdecken. Schmidt und Franckh warteten auf ihn. Gemeinsam fuhren sie ins Präsidium.

Freitag, 2. Mai, 15.00 Uhr, Präsidium
Schneider erstattete dem Polizeipräsidenten Bericht. Man sah beiden Männern an, wie die Geschehnisse sie mitnahmen. Für den Präsidenten wurde die Situation politisch mittlerweile schwierig. Der Druck aus dem Ministerium verstärkte sich, man verlangte schnelle Aufklärung, sicherte aber im Gegenzug großzügige Unterstützung zu.
»Wir haben bisher noch keine wichtigen Ergebnisse. Es gab keine Fingerabdrücke am Tatort, keine Zeugen. Das Einzige, was wir fanden, ist eine Zigarettenkippe. Wir müssen die Obduktion abwarten, aber Mendel will sich beeilen. So wie es aussieht, stand er im Garten, beobachtete sie, stieg durch ein Fenster ein und versteckte sich unter ihrem Bett«, erklärte Schneider.
»Mensch, Schneider, wir müssen bald einen Erfolg vorweisen. Im Ministerium schrillen alle Alarmglocken. Nicht zuletzt,

weil ein Teil der Minister, der Oberbürgermeister und andere Persönlichkeiten dort oben wohnen.«
»Ich weiß. Wir arbeiten mit Hochdruck. Aber der Kerl ist sehr geschickt. Immerhin hatte ich damit recht, dass er wieder morden würde, lediglich der Zeitpunkt war etwas verfrüht. Wir glauben, dass der Mord spontan war, präziser gesagt, dass die Opferwahl spontan war. Er ist ihr wahrscheinlich vom Bahnhof aus gefolgt. Vielleicht hat der Feiertag ihn aus dem Konzept gebracht und er wich deshalb von seinem üblichen Schema ab. Ich glaube immer noch, dass er das nächste Mal dort zuschlägt, wo ich es vorher gesagt habe. Wir brauchen noch mehr Beamte. Wir müssen die Gebiete noch dichter abriegeln und noch genauer beobachten.«
Der Polizeipräsident hörte ohnmächtige Verzweiflung aus Schneiders Stimme.
»Gut, ich werde alles veranlassen. Wenn wir ihn bis zum nächsten Vollmond nicht kriegen, wird das LKA eingeschaltet. Noch mehr Morde dürfen nicht geschehen.«
»Da stimme ich Ihnen zu«, versicherte Schneider. »Je weiter wir in den Sommer kommen, um so schwieriger wird es, die Leute dazu zu bewegen, die Fenster geschlossen zu halten.«
Der Polizeipräsident nickte zustimmend. »Ja, das sehe ich genauso.«

Die Beamten der Sonderkommission, der sie mittlerweile den Namen »Phantom« gegeben hatten, saßen dicht gedrängt im Besprechungsraum. Sie alle waren frustriert. Die Mühe und die Arbeit der vergangenen Wochen schien sinnlos. Sie wussten auch, dass der Druck auf den Polizeipräsidenten, den Leiter der Mordkommission und sie selbst stetig zunahm.
Es blieb ihnen nicht verborgen, dass dieser Druck bei Schneider erste Spuren von wütender Nervosität hervorrief. Er war es nicht gewohnt, so lange auf Erfolg zu warten. Schneider bat um ungeteilte Aufmerksamkeit. Ohne Umschweife fing er an.

»Das Opfer heißt Franziska Köster. Sie war zweiundzwanzig Jahre, hatte gerade ihre Ausbildung zur Bankkauffrau abgeschlossen und sollte am Montag ihre erste Arbeitsstelle antreten. Das wissen wir aus Unterlagen, die wir bei ihr gefunden haben. Sie kam am Mittwoch Abend gegen 20.30 Uhr von einer längeren Urlaubsreise zurück, zu der sie vor dem Doppelmord aufgebrochen war. So wie es momentan aussieht, handelt es sich um den selben Täter. Zwar hat er drei Tage vor Vollmond zugeschlagen, doch erwägen wir, dass er zum jetzigen Zeitpunkt eventuell nicht in Mainz sein kann und die Tat deshalb quasi vorgezogen hat. Nun erzählt Kollege Brückner, was die Spuren ergeben haben.«

Brückner erhob sich und verteilte Fotos vom Tatort. »Die junge Frau zog sich im Wohnzimmer aus. Die Vorhänge waren nicht geschlossen und wie die Befragung einer anderen Mieterin ergeben hat, lüftete sie mehrere Minuten. Dann ließ sie sich ein Bad ein, schloss erst ein, etwas später das zweite Fenster und badete ungefähr eine halbe Stunde. Dann ging sie zu Bett. Der Täter hat sie im Schlaf überrascht, sie wehrte sich, aber nicht besonders stark. Fußspuren am Fensterbrett zeigen deutlich, dass er durch das geöffnete Fenster im Schlafzimmer eingestiegen ist und sich dann unter ihrem Bett versteckt hat. Wahrscheinlich wartete er, bis sie eingeschlafen war. Wir glauben, dass er sie vom Garten aus beobachtete. In dieser Zeit rauchte er auch eine Zigarette, Marke Roth-Händle mit Filter. Die Speichelspuren ergaben laut Mendel Blutgruppe B positiv. Ihre Verletzungen ähneln denen der Carola Klein auffallend. Es könnte sich um die gleiche Tatwaffe handeln. Absolute Sicherheit ergibt die Obduktion. Dr. Mendel hat inzwischen bestätigt, dass sie vergewaltigt wurde. Auch das Sperma ist B positiv.«

Schneider dankte Brückner.

»Heute Abend werden zwei Beamte den Weg, den Frau Köster am Mittwoch genommen hat, um dieselbe Uhrzeit gehen. Vielleicht ergeben sich Hinweise. Denen, die ein freies Wochenende vor sich haben, wünsche ich gute Erholung. Wir anderen treffen uns am Montag. Bis dahin, meine Herren.«

Freitag, 2. Mai 18.00 Uhr, Schneiders Büro
Schneider brütete vor sich hin. Er haderte mit sich. Zwar hatte er Recht behalten, aber er hatte den Mord nicht verhindern können. Ein Anflug von Verzweiflung machte sich breit, doch bevor er in Selbstzweifeln versinken konnte, klingelte das Telefon.
»Neu hier. Guten Abend, Herr Schneider.«
»Guten Abend, Frau Neu. Auf ihren Anruf habe ich gewartet.«
»Haben Sie etwa Sehnsucht nach mir?«, meinte sie spöttisch.
»Ganz im Gegenteil, am liebsten würde ich sie auf den Mond schießen.«
»Das war aber wenig galant«, entgegnete sie mit Sarkasmus in der Stimme.
»Für Galanterie haben wir keine Zeit. Sie wissen, was passiert ist?«
»Natürlich, ich war sogar heute morgen am Tatort.«
»Ich weiß, ich habe Sie gesehen.«
»Da bin ich wohl nicht fix genug untergetaucht.«
»Spaß bei Seite, warum rufen Sie an?«
»Ich will Informationen über den Mord. Üben Sie sich dieses Mal nicht wieder in vornehmer Zurückhaltung. Die Menschen in dieser Stadt verlangen Aufklärung.«
Schneider wollte das Gespräch so schnell wie möglich beenden. Also gab er ihr so viele Informationen, wie er verantworten konnte, in der Hoffnung doch noch wichtige Hinweise aus der Bevölkerung zu bekommen.
Als er geendet hatte, fragte Sie ihn: »Woher kommt der plötzliche Sinneswandel. Warum sind Sie auf einmal so mitteilsam.«
»Das wissen Sie genau. Wir können keine schlechte Publicity gebrauchen.«

»Sie stecken in einer Sackgasse! Stimmt's?«, triumphierte sie.
»So könnte man es ausdrücken. Es ist zum Verzweifeln. Ich kann mich regelrecht in den Mörder hineinversetzen. Ich glaube zu wissen, wie er fühlt und handelt, aber er ist einfach nicht zu fassen. Ich verbiete Ihnen allerdings meine letzte Äußerung in Ihrer Pressemitteilung zu verwenden.«
»Sie brauchen also die Unterstützung durch die Presse?«
»In gewisser Weise«, entgegnete er.
»Nicht nur ›in gewisser Weise‹ sondern definitiv. Gut, ich will mal nicht so sein. Immerhin geht es hier um Menschenleben. Mein Artikel wird frei sein von Häme.«
»Das wäre auch angebracht«, schnaubte Schneider.
»Gut. Sehen wir uns morgen Abend?«
Schneider stutzte. »Wieso morgen Abend?«
»Sagen Sie nur, Sie haben das wichtigste gesellschaftliche Ereignis der Polizei vergessen? Morgen ist doch Polizeiball und ich bin als Pressevertreterin eingeladen.«
Schneider stöhnte. Er hatte den Ball tatsächlich verdrängt. Er verabscheute gesellschaftliche Ereignisse solcher Art und hasste es, sich in einen Smoking zu zwängen und den ganzen Abend oberflächliche Konversation zu treiben. Doch die Chance, sich darum drücken zu können, war gleich Null. Seine Frau liebte diese Art der Abwechslung. Das war der einzige Punkt, in dem sie nicht harmonierten.
»Nein, natürlich nicht«, log er. »Mir war nur nicht bewusst, dass Sie auch kommen.«
»Ich höre die Begeisterung aus Ihrer Stimme. Gilt die mir oder dem Ball?«
»Das verrate ich Ihnen nicht.«

Freitag, 2. Mai 19.30 Uhr, Schneiders Zuhause
»Guten Abend, Schatz«, begrüßte ihn seine Frau ausgelassen. »Geht es dir gut?«
»Eigentlich nicht. Wir haben schon wieder einen Mord.«

»Ich weiß. Derselbe Täter?«
Schneider nickte. »Wir gehen davon aus. Die junge Frau war gerade aus dem Urlaub gekommen und hat nichts von unseren Warnungen gewusst. Es ist schrecklich. Das Schlimmste ist, dass wir den Mord nicht verhindern konnten«, bedauerte er sich selber.
Seine Frau setzte sich zu ihm. »Ihr hättet es gar nicht verhindern können. Ihr könnt nicht an allen Stellen der Stadt zugleich sein. Es war eine Verkettung unglücklicher Umstände. Vielleicht hätte es verhindert werden können, wenn die junge Frau gewarnt gewesen wäre, aber das war sie nicht. Jetzt hör auf Trübsal zu blasen und komm zum Essen.«
Er aß schweigend und brütete vor sich hin. Seine Frau überließ ihn seinen Gedanken und sah sich die Abendnachrichten an. Schließlich kam sie wieder zu ihm. »Also in den Nachrichten seid ihr noch nicht.«
»Da bin ich aber beruhigt!«, entgegnete er gereizt.
»Übrigens, was ziehst du morgen Abend an?«, fragte sie ihn prüfend.
»Natürlich den Smoking. Wenn er mir noch passt.«
Sie schaute ihn an. »Du hast den Polizeiball tatsächlich nicht vergessen? Das ist ja eine Überraschung.«
»Wie könnte ich das *großartigste* Ereignis des Jahres wohl vergessen.«
Seiner Frau war die Ironie in seiner Stimme nicht entgangen. »Ich weiß, dass du dazu keine Lust hast, aber mir macht das Spaß. Ich sitze ein Großteil des Jahres allein zu Hause, während du ermittelst. Ich beschwere mich nie. Da kannst du mir wenigstens den Gefallen tun, mit zum Ball zu gehen.«
»Ich tu dir ja den Gefallen, aber verlang bitte nicht von mir, dass es mir auch noch Spaß machen soll.«
»Habe ich das jemals? Es reicht mir, wenn du nicht sauertöpfisch guckst. Ich amüsiere mich schon auf meine Weise.«
»Was ziehst du denn übrigens an?«

»Ich habe mir ein neues Kleid gekauft. Es war auch gar nicht teuer. Das andere hatte ich schon zweimal an. Das kann ich dieses Jahr nicht wieder tragen. Soll ich es dir zeigen?«
»Ja, ich bitte darum«, sagte er, bemüht den häuslichen Frieden zu wahren.
Sie holte das Kleid und Schneider sah auf den ersten Blick, dass es ihr hervorragend stehen würde. Es war schwarzgrundig mit blauen Kornblumen und großen roten Mohnblüten.
»Das steht dir sicher großartig. Muss ich eine Fliege anziehen oder reicht ein Binder?«, fragte er unsicher.
»Zum Smoking die Fliege.«
»Wo sind übrigens die Mädels?«
»Die Große ist im Kino und kommt bald nach Hause. Keine Angst sie wird gebracht und die Kleine schläft bei ihrer Freundin Barbara.«

Samstag 3. Mai, 20.00 Uhr, Rheingoldhalle
Schneider und seine Frau standen am oberen Ende der Treppe im Foyer der Rheingoldhalle und lächelten in die Kamera eines jungen, übereifrigen Fotografen. Diesem obligatorischen Ritual konnten Normalsterbliche nur unter Androhung körperlicher Gewalt entfliehen. Da Schneider seiner Position verpflichtet war und seine Frau diese Fotografien liebte, setzte er ein freundliches Lächeln auf, den Gedanken an den horrenden Preis verdrängend.
Zielstrebig steuerten sie den Großen Saal an und nahmen ihren Platz ein. Sie begrüßten die bereits Anwesenden. An ihrem Tisch saßen zwei ungefähr gleichaltrige Kollegen mit ihren Frauen, der Leiter der Schutzpolizei sowie Bernd Jung samt Gattin, der Redakteur von »Aktenzeichen-XY«.
Schneider war hierüber erstaunt, denn eigentlich wäre das Franckhs Platz gewesen.
Jung bemerkte seinen fragenden Blick. »Ich habe ihren jungen Kollegen und seine Begleiterin gebeten, mit meiner Gemahlin und mir zu tauschen. Ich möchte Sie nämlich davon über-

zeugen, dass die Mainzer Morde gut in unsere Sendung passen würden.«
Schneider schwieg. Langsam nickte er zustimmend.
»Das ist keine schlechte Idee. Mich erstaunt nur, dass Sie so schnell reagieren. Normalerweise dauert es doch länger, bis ungeklärte Verbrechen in Ihre Sendung kommen. Haben sie Order von oben?«
»Nicht direkt, nur eine höfliche Anfrage«, schmunzelte Jung. »Wir können Ihnen aber nicht viel bieten. Es liegt uns nur eine vage Täterbeschreibung vor. Wir wissen, wie er vorgeht und wann er in der Regel zuschlägt. Mehr aber auch nicht. Es ist sicher vernünftig, wenn eine breite Öffentlichkeit in die Ermittlungen mit einbezogen wird.«
»Ja. Manche Mörder fühlen sich nach der Ausstrahlung unter Druck gesetzt. Außerdem beobachten die Leute ihre Mitmenschen genauer. Wann treffen wir uns?«
»Wie wäre es mit Montag?«
»Montag ist in Ordnung«, entgegnete Jung.
»Wann wird der Beitrag gesendet werden?«, fragte ihn Schneider.
»Im nächsten Monat schon.«
»Noch vor dem kommenden Vollmond?«, wollte Schneider wissen.
»Lassen Sie mich in meinem Kalender nachsehen.« Aus der Innentasche seines Jacketts zog er einen flachen Terminkalender hervor. »Ich habe mich geirrt. Sie ist für Ende diesen Monats vorgesehen. Der Beitrag würde noch vor dem kommenden Vollmond gesendet werden. Genau gesagt, **einen** Tag vor Vollmond. Aber warum drängt es Sie so?«
Schneider erläuterte ihm seine Befürchtungen eingehend. Seine Frau stöhnte leise auf und verdrehte die Augen. In diesem Augenblick kam Franckh und forderte sie zum Tanzen auf.
»Der Chef kann nicht mal bei solchen Anlässen abschalten, oder täusche ich mich?«

»Nein, leider nicht. Ich werde mit trotzdem den Abend nicht vermiesen lassen«, erwiderte sie trotzig.
»Aber er ist ein wirklich guter Polizist. Er hat von Anfang an Recht gehabt. Zumindest hoffe ich das. Es wäre fatal, wenn wir in die falsche Richtung ermitteln würden.«
»Allerdings. Dann wäre er überhaupt nicht mehr zu genießen. Aber lassen wir das Dienstliche, tanzen wir lieber.«

Montag, 5. Mai, 9.30 Uhr, Polizeipräsidium
Die beiden Beamten, die am Freitagabend den Weg vom Südbahnhof zu Franziska Kösters Wohnung abgeschritten waren, hatten nur eine wichtige Neuigkeit herausgefunden. Weder am Südbahnhof, noch auf dem Weg über die Zitadelle hatte jemand die junge Frau oder einen eventuellen Verfolger bemerkt. Allerdings erfuhren sie von zwei Streifenbeamten, dass ihnen eine junge Frau um die entsprechende Uhrzeit in Nähe des Tatortes begegnet war. Sie hätte einen müden Eindruck gemacht. Einer der Beamten meinte, dass sie sie ansprechen wollte, es dann aber unterlassen hat. Mehr konnten sie nicht sagen.
»Ist ihr jemand gefolgt?«, wollte Schneider wissen.
»Sie sind sich nicht sicher. In der Nähe gibt es eine Bushaltestelle und kurz vorher kam ein Bus an. Den Kollegen sind nur zwei Männer aufgefallen, die den selben Weg wie Frau Köster nahmen. Der eine war um die fünfzig, kahlköpfig und übergewichtig. Der scheidet von vornherein aus. Den Anderen schätzen sie auf Anfang zwanzig, mittelgroß. Er trug eine Art Batschkappe und eine braune Tasche, wie sie oft von Arbeitern benutzt wird, wenn sie ihr Frühstück mitnehmen. Es war nicht offensichtlich, ob er dem Mädchen folgte. Er grüßte sogar die Polizisten freundlich und wirkte eher unverdächtig.«
»Die Kollegen sollen zum Zeichner gehen und ein Bild malen lassen.«
»Ist bereits geschehen. Hier haben wir es. Wir lassen es auch in der Zeitung veröffentlichen. Vielleicht kommen aus der Bevölkerung Hinweise.«

Die beiden Männer verteilten die Phantomzeichnung. Das Gesicht, das sie anblickte, hätte vielen Männern aus dieser Stadt gehören können.
Franckh äußerte sich. »Ob er in der Aktentasche die Mordwaffe und das Babydoll transportierte?«
Schmidt entgegnete ihm. »Wo sonst? Er trägt sicher die erbeuteten Nachthemden mit sich herum.«
Schneider wollte wissen, ob der Obduktionsbefund bereits da sei. Brückner nickte. »Ja. Sowohl Tatwaffe wie auch Vorgehensweise sind in beiden Fällen praktisch identisch. Es ist unser Täter. Der komplette Befund liegt auf ihrem Schreibtisch.«
»Hat die Befragung der anderen Nachbarn etwas Neues ergeben?«, Die Beamten schüttelten den Kopf. Keinem war ein Spanner auf dem Grundstück oder in unmittelbarer Umgebung aufgefallen. In dieser Straße fehlte auch der Spannercode. In unmittelbarer Nachbarschaft lebten überwiegend ältere Menschen, ab fünfzig aufwärts. Frau Köster war die einzige junge Frau im Umkreis von zweihundert Metern gewesen.
»Das untermauert unsere Vermutung, dass er ihr gefolgt sein muss. Betrachten wir noch mal die Tatorte. Der Überfall auf die Kleins erfolgte östlich des Stadtparks, der auf Frau Köster westlich des Parks. Wir können nur hoffen, dass er hier in naher Zukunft nicht wieder zuschlagen wird. Wir konzentrieren uns auf den Übergang Weisenau-Hechtsheim in IBM-Nähe und auf Bretzenheim. Ich tippe auf Hechtsheim, auch wenn ich das letzte Mal damit falsch gelegen habe. Die Beamten sollen ihr Augenmerk vor allem auf versteckt liegende Anwesen konzentrieren.«
Er beauftragte Franckh, die Freundin von Franziska Köster im Krankenhaus aufzusuchen und zu befragen. »Nehmen Sie aber eine weibliche Kollegin mit.«
»Meines Wissens wurde sie schon am Samstag entlassen.«
»Dann besuchen Sie sie eben Zuhause!«
Schneider wechselte das Thema. »Unser Fall wird in ›Aktenzeichen-XY ungelöst‹ gesendet. Heute mittag kommen die

Leute vom ZDF. Schmidt, stellen Sie bitte alle Fakten zusammen und regeln Sie alles Notwendige. Ich werde jetzt mit dem Polizeipräsidenten sprechen und ihn vorbereiten.«
Das Gespräch mit Dr. Weber verlief weniger disharmonisch, als Schneider befürchtete hatte. Allerdings machte der Präsident ihm deutlich, dass aufgrund der neuen Sachlage nun endgültig Beamte des LKA zugezogen werden würden.
»Schneider, Sie wissen, wir stehen alle unter Druck. Ich kann Sie nicht mehr lange als Einsatzleiter halten. Dann übernimmt das einer vom LKA.«
Schneider stöhnte. »Das habe ich befürchtet. Aber es ist wohl nicht zu ändern. Mit Ihrer Zustimmung würden wir gern den Fall ins Fernsehen bringen. Herr Zimmermann wäre bereit, den Beitrag noch diesen Monat zu senden. Schmidt sucht alles Notwendige heraus und wird das später mit Ihnen absprechen.«
»Gut, machen wir das so. Mir sind alle legalen Mittel recht, die zur Lösung der Morde beitragen. Die bessere Mainzer Gesellschaft gerät mittlerweile in Panik.« Er konnte sich ein Schmunzeln nur schwer verkneifen. »Es stehen bereits einige Häuser weit unter Wert zum Verkauf, unter anderem auch das meines Stellvertreters. Sie sehen, wir geraten auch von dieser Seite zunehmend unter Druck.«
»Das ist uns allen klar. Aber wir sind keine Hexenmeister. Keiner will einen weiteren Mord riskieren. Die Männer sind psychisch und physisch sehr angespannt. Ich hoffe, dass sie durchhalten und keiner vorzeitig abgelöst werden muss.«

Franckh war von seiner Befragung zurückgekehrt und informierte umgehend seinen Vorgesetzten.
»Die junge Frau ist ganz schön mitgenommen. Die Vermutung des Zeugen Schlüter waren übrigens richtig. Frau Köster war lesbisch. Ihre Freundin bestätigte das. Die beiden waren übrigens kein Liebespaar, denn sie ist heterosexuell. Sie sagte auch, dass Frau Köster einen körperlichen Ekel vor Männern

hatte und selbst eine freundschaftliche Umarmung ablehnte. Wir können also davon ausgehen, dass sie den Täter vehement abgewehrt hat. Mehr habe ich nicht erfahren.«

»Gut gemacht Franckh. Wie geht es Ihnen überhaupt?«, Schneider taxierte seinen jungen Kollegen. Er bedauerte, dass dieser am Anfang seiner kriminalistischen Laufbahn mit soviel Grausamkeit konfrontiert wurde.

»Na, ja, es geht so. Wie lautet der Spruch? ›Was uns nicht umbringt, macht uns nur härter!‹ Ich komme schon klar«, versuchte er Schneider zu beruhigen.

»Ich weiß, dass diese Art von psychischem Stress nur schwer allein zu verarbeiten ist. Wenn Sie Hilfe brauchen, ich bin für Sie da.«

»Das weiß ich und wenn ich allein nicht klar komme, dann nehme ich Ihr Angebot an.«

In diesem Moment klopfte es an der Tür. Die Sekretärin teilte mit, dass die Leute vom ZDF da seien. Schneider rief Schmidt an und verabredete sich mit ihm bei der Pressestelle. Dorthin führte er die Fernsehleute. Gemeinsam gingen sie dann die Fakten durch.

»Wie viele Minuten wird der Beitrag haben?«, wollte Schneider wissen.

»Wir gehen von zehn bis zwölf Minuten aus. Die Morde werden in einem kurzen Film nachgestellt, dann kommt einer Ihrer Kollegen kurz zu Wort. Oder möchten Sie das selbst übernehmen?«

»Um Gottes Willen, nein. Schmidt machen Sie das bitte. Brauchen Sie mich noch?«

Der Redakteur schüttelte den Kopf. »Nein, eigentlich nicht. Sie können sich den Beitrag aber in drei Wochen bei uns im Sender ansehen. Ich melde mich bei Ihnen. Hoffentlich erwischen Sie den Kerl nicht bevor die Sendung ausgestrahlt wird.«

Schneider hatte einerseits Verständnis für diese Äußerung, andererseits ärgerte er sich darüber, dass berufliches Interesse schwerer zu wiegen schien als Menschenleben.

»Wäre Ihnen ein weiterer Mord lieber als die Ergreifung des Täters?«
»Nein, natürlich nicht, das war nur so dahin gesagt. Entschuldigen Sie bitte. Ich denke nur an die Arbeit, die wir damit haben. Es gibt immer Probleme mit der Sendung, wenn ein Fall kurz vorher gelöst wird. Wir müssen dann alles umstellen.«
»Sie haben doch sicher immer etwas in petto, oder?«, fragte Schneider.
»Ja, schon. Aber trotzdem muss dann das Konzept völlig neu erarbeitet werden. Besonders drastisch ist es, wenn ein Verbrechen nur wenige Stunden zuvor aufgeklärt wird. Dann kommen wir ins Rotieren.«
Schneider verabschiedete sich und zog sich in sein Büro zurück. Er rief Frau Neu an.
»Guten Tag, Frau Neu.«
»Tagchen, Herr Hauptkommissar. Wir haben uns am Samstag ja gar nicht gesehen. Ich habe Sie vermisst.«
»Ich Sie nicht unbedingt«, entgegnete er wenig charmant.
»Haben Sie mittlerweile das Phantombild des mutmaßlichen Täters bekommen?«
»Ja, liegt bereits hier vor mir und der Artikel ist auch fast fertig.«
»Ich wollte Ihnen mitteilen, dass die Morde in ›Aktenzeichen-XY ungelöst‹ gesendet werden.«
»Da muss Ihnen das Wasser ja bis zum Hals stehen, wenn Sie zu solchen Mitteln greifen müssen.«
»Es war nicht meine Idee. Der Redakteur kam am Samstagabend auf mich zu und unterbreitete mir den Vorschlag. Wir wollen und können keinen weiteren Mord mehr riskieren.«
»Kann ich das in dem Artikel bringen?«
»Selbstverständlich.«
»Gibt es was Neues im Mordfall ›Köster‹?«
»Die Obduktion hat ergeben, dass es sich um den selben Täter handelt und dass er wahrscheinlich ein Babydoll mitgenommen hat. Wie in den anderen Fällen.«

»Woher wissen Sie, dass sie so etwas getragen hat?«
»Sie trug einen Slip, der zu einem Babydoll gehörte. Wir haben das Oberteil aber nicht gefunden. Zufrieden?«
»Ja. Aber das mit den Babydolls haben Sie lange verschwiegen. Warum?«
»Seien Sie froh, dass Sie überhaupt diese Informationen bekommen«, konterte er.
»Ich hasse diese Salamitaktik. Ist er ein Fetischist?«
»Keine Ahnung, ich bin kein Psychologe. Aber er hat bei allen drei Überfällen die Babydolls entwendet.«
»Gut, das werde ich in meinem Artikel verarbeiten. Wahrscheinlich bleiben die Mainzer Wäschegeschäfte und Kaufhäuser ab jetzt auf ihren Babydolls sitzen«, bemerkte sie spitz.
»Auf Wiederhören, Frau Neu.«
»Danke und Tschüs.«

Die folgenden Tage

Die Tage verrannen, ohne dass etwas Aufregendes geschah. Es gab keine verwendbaren Hinweise auf den Täter und die Zuversicht in der Mordkommission sank. Langsam belebte sich die Spannerszene wieder. Doch mit einigen Festnahmen wegen Hausfriedensbruchs unterband die Polizei diese Aktivitäten augenblicklich.
Der Sommer näherte sich in raschen Schritten, die Menschen vergaßen mit den immer stärker werdenden Strahlen der Sonne die lauernde Gefahr und wandten sich wieder Alltäglichem zu.
Mainz befand sich seit 1974 im Umbruch, was sich in regen Bauaktivitäten über einige Jahre niederschlug. Der Oberbürgermeister der Stadt, Jockel Fuchs, von seinen Mainzern geliebt und geehrt, hatte es sich zum Ziel gemacht, Mainz aus seinem Dornröschenschlaf zu wecken. Zahlreiche bauliche Aktivitäten gaben Zeugnis für den Anbruch einer neue Ära.
So erhielten die Stadtteile Finthen und Hechtsheim 1974 neue Bürgerhäuser. Auf dem Hartenberg erweiterte der Südwest-

funk seinen Studiokomplex und der Mittelstreifen der Kaiserstraße wurde in einen Grünstreifen umgewandelt. Es häuften sich die Beschwerden über wegfallende Parkplätze in der Innenstadt und über die permanenten Staus zu den Stoßzeiten.
Das Gutenberg-Museum verzeichnete seine einmillionste Besucherin, eine Frau aus Hamburg. Die Domplätze wurden ohne großes Aufsehen für den Verkehr gesperrt und sollten schrittweise in eine Fußgängerzone umgewandelt werden.
Endlich konnten die Politiker in das neue Rathaus am Ufer des Rheins einziehen. Allerdings überschritten die Kosten für diesen Bau die Planung um mehr als 13 Millionen Mark, so dass über der Stadt bedrohlich der Pleitegeier schwebte.
Im September würde das Geschäftszentrum am Brand seiner Bestimmung übergeben werden.
Das Antlitz der Innenstadt hatte sich gewandelt, war weltoffener, kosmopolitischer geworden. Vor dem Rathaus wurden als Ausdruck dieser neuen Aufgeschlossenheit Skulpturen aufgestellt, eine davon von Hans Arp. Das Kunstverständnis mancher Bürger wurde auf eine harte Bewährungsprobe gestellt.
Am Ende des Jahres 1974 betrug das Defizit im Stadthaushalt 29 Millionen Mark. Eine deutliche Anhebung der Wasser-, Gas- und Strompreise war die unausweichliche Folge. Die Stadt musste die Investitionsbremse ziehen und für 1975 geplante-Projekte konnten nicht im ursprünglichen Umfang realisiert werden.
1975 stand im Zeichen der tausendjährigen Grundsteinlegung des Domes durch den Bischof Willigis im Jahre 975. Zahlreiche Veranstaltungen, Festgottesdienste, Konzerte und Feierstunden boten den kulturellen Rahmen für diesen besonderen Anlass. Der bei den Mainzern über alle Konfessionen hinweg sehr beliebte Hermann Kardinal Volk bekam den Ehrenbürgerbrief der Stadt verliehen. Im Januar hatte ihm ein Computerfehler bei der Ausgabe der Lohnsteuerkarten

ein Kind angedichtet. Der große Mann nahm es gelassen mit Humor und Charme.
Seit Ende April wurden aus dem gesamten Stadtgebiet Pflastersteine für die Gestaltung der Domplätze zusammengetragen. Diese Fußgängerzone, in der auch der wunderschön restaurierte Marktbrunnen und die Heunensäule ihren Platz fanden, ging nahtlos in das Brandzentrum über. Bei den Autofahrern stieß dies auf wenig Gegenliebe, sie beschwerten sich über eingeschränkte Mobilität. Die Fußgänger dagegen zeigten sich dankbar für das gefahrlose Flanieren vor den Schaufenstern. Mainz erhielt sogar den ersten Preis für Fußgängersicherheit in den Städten des Landes.
Ein Bombenanschlag beschädigte das Gebäude des Industrie- und Handelskammer und forderte die volle Aufmerksamkeit der Polizei. Man vermutete einen terroristischen Hintergrund, ein Bekennerschreiben verschaffte letzte Klarheit.
Ein Schüler eines Mainzer Gymnasiums nutzte die Gunst der Stunde und meldete anonym, dass eine Bombe im Schulgebäude versteckt sei. Die Polizei und die Schulleitung nahmen die Drohung ernst und räumten das Gebäude. Die Schüler freuten sich über einen schulfreien Tag.
Nach diesem kurzen Intermezzo, dämmerte die Stadt weiter vor sich hin. Doch die Beamten der Kripo wussten, dass es nur die Ruhe vor dem Sturm war.

Je näher der Vollmond kam, um so mehr steigerte sich die Nervosität innerhalb der Mordkommission. Die Polizeistreifen führten Hunde mit sich und patrouillierten in immer kürzeren Abständen. Ein Teil dieser Nervosität ging auf die Bürger über. Die Menschen begannen den Aufenthalt im Freien in den Abendstunden einzuschränken und verriegelten wieder Fenster und Türen. Nachts fanden sie wegen der stehenden Hitze in ihren Wohnungen keinen Schlaf und jeder sehnte das Ende des Albtraumes herbei.

Die Sendung für »Aktenzeichen-XY ungelöst« war seit einigen Tagen im Kasten. Schneider, der Polizeipräsident und mehrere Kollegen hatten sich den Beitrag im Vorführraum des ZDF angesehen und waren mit dem Resultat zufrieden.
Jetzt hieß es warten. Schneider wurde zunehmend gereizter, seine Frau und seine Töchter gingen ihm so gut sie konnten aus dem Weg. Die Belastungen nahmen stetig zu und Schneider, von Natur aus ein Hypotoniker, entwickelte einen therapiebedürftigen Bluthochdruck.
Die Polizei hatte die Allgemeine Zeitung gebeten, die Bevölkerung auf die Sendung Eduard Zimmermanns hinzuweisen. Der Hinweis wurde am Mittwoch, den 28. Mai, veröffentlicht. In der folgenden Nacht überschlugen sich die Ereignisse.

Mittwoch, 28. Mai. 23.45 Uhr, Alte Mainzer Straße
Die beiden jungen Polizeibeamten drehten mit ihrem Schäferhund Prinz ihre übliche Runde. Sie tauschten leise die Erfahrungen des zurückliegenden Tages aus und spekulierten, ob der Täter an diesem Wochenende wieder zuschlagen würde. Sie liefen diese Tour seit drei Wochen und kannten mittlerweile jeden Baum, jeden Strauch, jede Toreinfahrt und jeden Vorgarten. Sie kannten auch die Gewohnheiten der Anwohner, wussten, wann wer mit seinem Hund spazieren ging. Von den Menschen wurden sie nicht als Fremdkörper betrachtet, sondern als Schutz akzeptiert.
Die Luft war schwülwarm, die Beamten hatten ihre Jacken geöffnet, pausierten ab und zu und gaben ihrem Hund etwas Wasser. Das Funkgerät an ihrem Gürtel knackste und eine Stimme fragte in regelmäßigen Abständen, ob alles in Ordnung sei. Die Männer gaben dieselbe Antwort wie seit Wochen. »Alles ruhig, keine Auffälligkeiten.«
Der Schnürsenkel eines Beamten löste sich gerade, als sie sich im Schatten einer großen Trauerweide befanden. Er bat seinen Kollegen zu warten und bückte sich, um den Schuh zu schnüren. Aufgrund der Dunkelheit verhedderte sich das

Schuhband und leise fluchend versuchte er den Knoten zu lösen.
Die stille Schwüle der Nacht trug ihnen Geräusche zu und so vernahmen beide gleichzeitig das sich langsam nähernde Geräusch eines Dieselmotors. Der Wagen befuhr die Gegenfahrbahn und befand sich außerhalb ihrer Sichtweite unterhalb einer Kuppe. Ihre Sinne, durch die vielen Einsätze der vergangenen Zeit geschärft, rieten ihnen, sich aus dem Lichtkegel des Fahrzeugs zurückzuziehen.
»Das ist bestimmt ein Taxi«, meinte der jüngere der beiden. Er gab dem Hund einen kurzen Befehl, zog die Leine straff und gemeinsam begaben sie sich in Deckung. Es war tatsächlich ein Taxi, das sich den Berg heraufquälte. Der Fahrer schien nach einer Hausnummer zu suchen und stoppte in unregelmäßigen Abständen. Schließlich kam das Auto ungefähr zweihundert Meter unterhalb der Polizisten zum Stillstand. Die Männer drückten sich tiefer in den Schatten des mächtigen Baumes, der Hund knurrte kurz.
Die Beamten erkannten, dass eine Frau das Taxi steuerte. Auf dem Beifahrersitz saß ein junger, brünetter Mann. Es schien zunächst, als wolle er aussteigen, doch plötzlich fuhr das Taxi wieder an.
Nun war ihr Jagdinstinkt endgültig geweckt. Der Ältere löste das Funkgerät vom Gürtel seiner Uniformhose und verständigte die Zentrale über Funk, während sie vorsichtig dem langsam fahrenden Auto folgten. Nach etwa dreihundert Metern hielt es endlich an, die Beifahrertür öffnete sich und der Fahrgast stieg aus. Der Mann schaute sich nicht um, zündete sich augenblicklich eine Zigarette an und wartete bis das Taxi verschwunden war. Dann ging er zielstrebig bergan und bog nach wenigen Metern in die Donnersbergstraße ein. Die Polizisten kannten das Anwesen, es gehörte einem Bänker aus Frankfurt. Das Grundstück war von einem hohen schmiedeeisernen Zaun umgeben.

Jetzt beschleunigten sie ihre Schritte und erreichten nach wenigen Sekunden den Zaun. Nirgends eine Spur von dem mysteriösen Fremden. Ihr Puls beschleunigte sich. Beinah lautlos kletterte der Jüngere hinüber, nahm den Polizeihund in Empfang, sein Kollege folgte. Leise pirschten sie in den rückwärtigen Teil des Gartens. Sie ermahnten den Hund zum Gehorsam. Vorsichtig bogen sie um die Hausecke. Sie entdeckten den Mann vor einem Fenster stehend. Er kramte in seiner Hosentasche, zog einen keilähnlichen Gegenstand hervor und schob ihn beinah lautlos in eine Ritze des Rollladens.
Die Beamten zögerten nicht länger und gaben sich zu erkennen. Sie forderten den Mann auf, den Metallkeil niederzulegen. Dieser hob sofort die Hände und begann zu stammeln.
»Ich wohne hier und habe meinen Schlüssel vergessen. Deshalb wollte ich durch dieses Fenster einsteigen.«
Die Polizisten wussten, dass er log. Aber sie warteten auf Verstärkung und brauchten Zeit. Deshalb gaben sie vor, ihm zu glauben. Sie verlangten seine Papiere, um die Adresse zu überprüfen.
»Lassen Sie die Hände oben, wir kommen und kontrollieren ihren Ausweis.«
Der Mann blieb stehen und schien zu schwitzen, denn Prinz knurrte, ein sicheres Zeichen, dass er Angstschweiß roch. Langsam näherten sich die Beamten, fixierten den Eindringling mit dem Strahl ihrer Taschenlampen. Sie waren nur noch wenige Meter von ihm entfernt, als dieser den Metallkeil mit einem gezielten Schwung gegen eine Taschenlampe schleuderte. Der Polizist, an der Hand getroffen, schrie vor Schmerz und Schreck kurz auf. Der Mann nutzte die Gunst des Augenblicks und rannte in Riesensätzen über den Rasen. Der Hundeführer ließ Prinz von der Leine und alle drei setzten ihm nach.
Der hinter Teil des Gartens war durch einen ein Meter achtzig hohen Metallzaun vom Nachbargrundstück getrennt. Die Beamten frohlockte innerlich, denn die Vorstellung, dass jemand diese Höhe überspringen konnte, schien ihnen unmöglich.

Doch sie hatten sich getäuscht, mit einem unglaublichen Satz flankte der Mann darüber. Der Hund war mittlerweile ebenfalls am Zaun angekommen, doch ihm war das Hindernis zu hoch.
Wütend bellte er dem Gejagten hinterher. Die Polizisten halfen dem Hund auf die andere Seite und folgten ihm nach. Die Jagd ging weiter und entwickelte sich zu einer wilden Hatz. Der Hund hielt sie auf der Spur. Sie durchquerten drei Gärten jeweils im rechten Winkel, so dass sie wieder auf die Hauptstraße gelangten.
Immer noch war keine Verstärkung eingetroffen. Doch in der Ferne hörte sie bereits eine Sirene heulen. Der Flüchtende sprintete die Straße in einem unglaublichen Tempo hinab ohne sichtbar zu ermüden. Die jungen, durchtrainierten Beamten konnten zwar Schritt halten, doch der Abstand verringerte sich praktisch nicht. Nur der Hund holte stetig auf.
Mittlerweile waren drei Streifenwagen zur Unterstützung herangebraust. Sofort riegelten sie das Viertel ab. Es durfte kein Entkommen geben. Und wieder flüchtete der Mann auf ein Grundstück, übersprang mühelos eine Mauer und verschwand im Dunkeln eines parkähnlichen Gartens. Er schien die Gegend genau zu kennen, denn zielstrebig setzte er seinen Weg fort.
Sieben Beamten waren ihm dicht auf den Fersen und versuchten ihn im Garten einzukreisen. Die hohen Bäume verschluckten das Licht, schleierartige Wolken schoben sich vor den noch nicht vollen Mond und nahmen der Nacht ihr dämmriges Leuchten. Plötzlich schien der Mann wie vom Erdboden verschluckt. Die Polizisten blieben stehen und lauschten, doch ihr schneller Atem übertönte alles.
Plötzlich knurrte Prinz, sein Nackenfell sträubte sich und er rannte auf eine dunkle Baumgruppe zu. Die Beamten verständigten sich über Gesten und zogen den Kreis enger.
Der Kreis um den Baum war fast geschlossen, als plötzlich wie aus dem Nichts eine Faust einen der Polizisten niederstreckte.

Durch die so entstandene Lücke floh der Verdächtige erneut. Nichts hielt ihn auf, auch nicht die Drohung, dass von der Schusswaffe Gebrauch gemacht werden würde. Ein Polizist schoss zur Warnung zweimal in die Luft.
Der Mann ignorierte den peitschenden Knall und übersprang wieder einen hohen Zaun. Zu seinem Pech befand sich direkt dahinter das sumpfige Ufer eines Teiches. Er blieb im weichen Morast stecken und konnte sich nicht schnell genug befreien. Prinz landete neben ihm und verbiss sich in sein Hosenbein. Beinah im selben Moment schnappten die Handschellen zu. Die Jagd war beendet.
Der Verhaftete brüllte laut und schlug mit den gefesselten Händen tobend um sich. Zwei Polizisten hielten ihn fest, doch er war kaum zu bändigen. Wie eine Furie schrie, spuckte und trat er. Immer wieder versicherte er: »Ich war's nicht. Ich hab's nicht getan.«

In den Häusern rings herum gingen Lichter an. Verängstigte Anwohner lugten vorsichtig aus den Fenstern, keiner traute sich ins Freie. Noch immer völlig außer Atem führten die Polizisten den Rasenden zurück zur Straße und brachten ihn dazu in einen Streifenwagen einzusteigen.
Um 0.30 Uhr ging bei der Zentrale der Ruf ein. »Wir haben ihn.«
Kurze Zeit später erhielt Schneider die erlösende Botschaft. Er wollte sofort ins Präsidium kommen, doch die Kollegen überzeugten ihn, dass der Verhaftete noch nicht vernehmungsfähig sei. Er musste sich erst beruhigen. Ein Arzt verabreichte ihm ein entsprechendes Medikament und der Mann nächtigte in einer Zelle.

Donnerstag, 29. Mai, 8.30 Uhr, Präsidium

Schneider erwartete ihn mit Schmidt und Franckh im Vernehmungsraum. Sie boten dem mutmaßlichen Täter einen Stuhl an und fragten, ob er irgendwelche Wünsche hätte. Der Mann

hielt den Kopf gesenkt, sah keinem der Polizisten in die Augen und bat um Zigaretten.
Schneider betrachtete ihn eingehend, er studierte dessen Körperhaltung und Gesichtsausdruck und spürte seine Angst.
Er stellte sich und seine Kollegen vor und schickte Franckh zum Zigaretten holen weg. Dieser kehrte nach wenigen Minuten mit einer Packung »Roth-Händle« mit Filter, Aschenbecher und Streichhölzern zurück. Der Mann riss die Zigaretten auf, zündete mit zittrigen Händen den Glimmstengel an und inhalierte mit tiefen Zügen.
Schneider fragte ihn, ob es die richtigen Zigaretten seien. Der Mann nickte zustimmend mit dem Kopf. Er bemerkte nicht die Blicke, die sich die Polizisten zu warfen.
»Sie haben das Recht auf einen Anwalt! Haben Sie einen? Sollen wir Ihnen einen besorgen?«, wollte Schneider wissen.
Der Verdächtige schüttelte den Kopf. »Ich brauche keinen Anwalt. Ich habe nichts verbrochen.«
Die Polizisten ließen die Befragung langsam angehen, sie wollten sich nicht den Vorwurf einhandeln, den Mann unter Druck gesetzt zu haben.
»Immerhin haben Sie ein fremdes Grundstück betreten und versucht, den Rollladen zu öffnen«, mischte sich Schmidt ein.
»Ja. Aber das ist höchstens Hausfriedensbruch. Ich bin ein Spanner und wollte ein Mädchen beim Ausziehen beobachten.«
»Heute Nacht gaben Sie aber an, ihren Haustürschlüssel vergessen zu haben!«
»Nein, ich habe gespannt und soweit ich weiß, ist das nicht strafbar!«
»Voyeurismus ist nicht strafbar, da haben Sie recht. Aber das Betreten und Beschädigen fremden Eigentums ist sehr wohl strafbar.«
»Warum haben Sie mich eigentlich verhaftet?«, fragte der Mann forsch.

»Was denken Sie? Lesen Sie keine Zeitung?«
»Hin und wieder schon. Denken Sie etwa, ich sei der Mörder? Das ist ja lächerlich. Ich war immer, wenn ein Mord geschah, zu Hause bei meiner Mutter.«
Die ganze Zeit hatte er keinem der Beamten in die Augen geblickt, sein Blick schweifte unruhig hin und her. Franckh saß schweigend im Hintergrund und stenografierte mit.
»Warum haben sie dann bei Ihrer Verhaftung laut geschrien: »Ich war's nicht. Ich hab's nicht getan?«, fragte Schneider.
»Das war ein Reflex.«
»Wollen Sie nicht doch einen Anwalt?«
»Nein. Ich will keinen.«
Die Nervosität des Mannes stieg. Er fing an zu schwitzen. Seine Handflächen hinterließen feuchte Abdrücke auf der graphitfarbenen Tischplatte.
»Kann ich einen Kaffee bekommen?«
»Selbstverständlich«, entgegnete Schneider. Schmidt verließ den Raum und kam mit einem Tablett, einer Warmhaltekanne vier Kaffeetassen, Milch und Zucker zurück.
Sie setzten die Befragung fort. Schneider wies ihn daraufhin, dass es Zeuginnen für Überfälle gab und es zu Gegenüberstellungen kommen würde. Einige Frauen waren sicher, dass sie ihren Peiniger identifizieren können. Der Mann reagierte nicht.
»Wir werden ihre Blutgruppe feststellen lassen und ihr Alibi eingehend überprüfen. Wenn auch nur eine Frau sie erkennt, werden sie umgehend dem Haftrichter vorgeführt. Das reicht für Untersuchungshaft.«
Der Mann hatte ängstlich den Kopf zwischen die Schultern gezogen, so dass sein Kinn fast das Brustbein berührte. Er schwieg und wippte ab und zu auf seinem Stuhl hin und her. Schneider sah ein, dass der Mann eine Pause zum Nachdenken brauchte. Deshalb entließ er ihn bald, wies aber daraufhin, dass er am Mittag mit der Gegenüberstellung beginnen wolle.
»Sollen wir ihre Angehörigen benachrichtigen?«, fragte er.

»Meine Mutter. Darf sie mich besuchen?«
»Sicher. Wir werden mit ihr reden. Sie kann Sie noch heute sehen.«
Dann endete das Verhör. Schmidt, Franckh und Schneider schauten sich an.
Franckh sagte: »Es ist schwer vorstellbar, dass er der Täter ist. Er wirkt so unscheinbar und unsicher, so als könne er kein Wässerchen trüben.«
»Lassen Sie sich nicht vom Äußeren irreführen. Erinnern Sie sich an das , was Popp gesagt hat. Bisher passt alles ins Bild. Mal sehen wie er reagiert, wenn er identifiziert wird«, entgegnete Schneider.
»Ja, warten wir ab, wie er sich bei der Konfrontation verhält. Übrigens hat jemand das ZDF und die Presse informiert?«, fragte Schmidt.
Franckh nickte. »Die Leute vom Fernsehen waren nicht besonders begeistert. Die Medien sind auch unterrichtet. Frau Schenck und Herr Klein kommen ebenfalls zur Gegenüberstellung um 15.00 Uhr.«
»Gut. Wir treffen uns um 14.30 Uhr wieder hier.«

Bei der Gegenüberstellung identifizierten fast alle überfallenen Frauen den Verdächtigen zweifelsfrei als Täter. Frau Schenck meinte, dass es mit achtzigprozentiger Sicherheit der Mann sei, der bei ihr ins Zimmer geleuchtet hat. Herr Klein konnte sich nicht festlegen. Er entschuldigte sich damit, dass er den Mann nur schemenhaft wahrgenommen hätte und dass er ihm nicht unvoreingenommen gegenübertreten könne.
Nachdem die Beamten den Verdächtigen mit dem Ergebnis der Gegenüberstellung konfrontiert hatten, gab er die Überfälle auf die Frauen zu. Zu weiteren Aussagen war er an diesem Tag jedoch nicht bereit. Er leugnete strikt eine Beteiligung an den Morden. Als er den Vernehmungsraum verließ, zitterte er.

Freitag, 30. Mai, 9.00 Uhr, Präsidium

Am nächsten Morgen ging das Verhör weiter. Mittlerweile hatten sie das Ergebnis seiner Blutprobe: B positiv. Immer noch leugnete er die Tat. Allerdings gab er zu, die Häuser zu kennen, weil er dort gespannt hatte. Aber er schwor, keines der Gebäude je betreten zu haben.

Nachdem sein Bild in der Presse veröffentlicht worden war, meldeten sich mehrere Frauen, die sich von ihm verfolgt gefühlt hatten. Sie alle identifizierten ihn eindeutig bei einer Gegenüberstellung.

Der Verdächtige gab auch diese Handlungen zu, bestritt aber nach wie vor die Morde. Seine Mutter erzählte der Polizei indes, dass ihr Sohn von einer inneren Unruhe getrieben, häufig das Haus verlassen habe, manchmal sogar ohne Abendessen. Meistens schlief sie schon, wenn er zurückkehrte. Sie konnte sich nicht erinnern, ob er an den Mordabenden aus war. Allerdings berichtete sie, dass sie am Wochenende des 1. Mai gemeinsam zu ihrer Tochter nach Kassel gefahren seien.

Der Mann gab zu, oft spät nach Hause gekommen zu sein. Er begründete dies mit dem regelmäßigen Besuch der Spätvorstellung in Pornokinos. Die Filme hätten ihn stimuliert und er hätte sich dann beim Spannen Befriedung verschafft.

Bei der Durchsuchung der mütterlichen Wohnung fand die Polizei keine Mordwaffe. Auch eine Durchsuchung am Arbeitsplatz des Mannes erbrachte kein Ergebnis. Die Mordwaffe und die Babydolls blieben verschwunden.

Die Befragungen dauerten an. Der Mann schwieg beharrlich. Schneider und seine Kollegen wechselten sich beim Verhör ab. Sie wiederholten manche Fragen zwanzig bis dreißig Mal, stets in etwas abgewandelter Form. Er verstrickte sich in immer größer werdende Widersprüche. Sie nahmen ihn mit zu den Häusern, wo er gespannt hatte. Seine Ortskenntnis war verblüffend. Allerdings bestritt er jemals am Anwesen der Familie Klein oder an der Wohnung von Franziska Köster gewesen zu sein. Die beiden Streifenpolizisten identifizierten

ihn jedoch als den Mann mit der Batschkappe. Damit war klar, dass er log.
Aber immer noch harrte er aus. Nach wie vor wollte er keinen Anwalt und beteuerte seine Unschuld. Die Nerven der Polizisten lagen blank. Dieser Mann war scheinbar nicht zu knacken. Die Öffentlichkeit verlangte nach Gewissheit und sie saßen Tag für Tag in diesem Zimmer und drehten sich im Kreise.
Nach einer Woche brach er während eines Verhöres völlig unerwartet in Tränen aus. Er zitterte am ganzen Körper und suchte schluchzend nach Worten.
»Ich war's. Ihr braucht nach keinem Anderen zu suchen. Ich wollte niemanden töten, aber sie haben geschrien und sich gewehrt.«
Die plötzliche Heftigkeit des Geständnisses traf Schneider, Schmidt und Franckh wie ein Schlag. Sie unterbrachen die Befragung sofort und ließen ihn zur Ruhe kommen. Schneider informierte den Haftrichter, der umgehend einen Pflichtverteidiger zu ihnen schickte. Sie durften keine Verfahrensfehler riskieren und mussten ausschließen, dass er sich später darauf berufen konnte, unter Druck ein falsches Geständnis abgelegt zu haben.
Franckh besorgte Zigaretten und etwas zu essen. Sie öffneten das Fenster, damit die Luft ihnen den Kopf klarmachte.
In der ganzen Zeit unterhielten sie sich unverfänglich ohne auf die Verbrechen zu sprechen zu kommen. Schließlich traf der Anwalt ein.
Sie hofften die ganze Zeit, dass er bei seiner Version bleiben würde. Und in der Tat, er wiederholte aus freien Stücken, dass er schuldig sei und begann in allen Einzelheiten die Morde und die Tatorte zu beschreiben. Er nannte Details, die nur der wissen konnte, der die Taten selbst ausgeführt hatte. Sie waren aus der Zeitung nicht zu erfahren gewesen. Er beschrieb die Eigentümlichkeiten des Anwesens der Familie Klein, teilte mit wie er die Blutspuren auf der Treppe aufgewischt und dass

seine Mutter ihn wegen der total verdreckten Socken ausgeschimpft hatte. Auch die Wohnung von Frau Köster skizzierte er genau. Seine Schilderung der Tathergänge deckte sich mit den Ermittlungsergebnissen beinahe zu hundert Prozent.
Um auch die letzte Spur eines Zweifels auszuräumen, fragte ihn Schneider, wie er in das Haus der Kleins eindringen konnte.
»Im ersten Stock war eine Balkontür nicht verschlossen. Im Garten lag eine Leiter, die habe ich mir genommen. Nach der Tat bin ich noch etwas im Haus geblieben, bis ich mich beruhigt hatte. Dann bin ich über die Terrasse im Erdgeschoss raus. Die Leiter habe ich in den Geräteschuppen getan. Bei der anderen Frau bin ich durchs Fenster geklettert und habe mich unterm Bett versteckt.«
Plötzlich fing er wieder an zu weinen. »Ich wollte die drei wirklich nicht töten, aber die eine hat geschrien und die andere hat gesagt »Verpiss dich«. Das hat mich wütend gemacht. Frauen dürfen nicht so mit Männern reden, da musste ich sie doch bestrafen.«
Sein Geständnis hatte drei Stunden und fünfundzwanzig Minuten gedauert. Als er wieder in haltloses Weinen ausbrach, entschieden sie, für heute aufzuhören. Schneider verzichtete nach der Mordwaffe und den Babydolls zu fragen, das konnte bis morgen warten. Alle Anwesenden fühlten sich erleichtert. Der Druck war von ihnen genommen und sie würden endlich den Fall abschließen können.
Morgen sollte er das Geständnis unterschreiben und es vor dem Haftrichter wiederholen. Er akzeptierte dies klaglos. Dann wurde er zurück in seine Zelle gebracht.
Wie ein Lauffeuer verbreitete sich, dass er gestanden hatte. Die Medien wurden informiert und das erst Mal seit Wochen gingen die Männer erleichtert nach Hause.

Freitag, 6. Juni, 10.00 Uhr, Präsidium

Am diesem Tag unterschrieb er seine Aussage und bekannte seine Schuld vor dem Richter. Der Richter fragte ihn, ob das Geständnis unter Druck zustande gekommen sei. Er verneinte. Auf die Frage, warum er so plötzlich gestanden habe, sagte er, dass er Angst vor sich selbst habe und befürchte, noch mehr Frauen töten zu müssen.

Der Richter fragte ihn nach der Mordwaffe und den Nachthemden. Er behauptete steif und fest, sie von der Eisenbahnbrücke in den Rhein geworfen zu haben. Schneider glaubte ihm dieses eine Mal nicht.

Es wurde ein Gutachten durch Professor Popp angefordert. Er beobachtete den Angeklagten während eines zehntägigen Aufenthaltes in der Psychiatrie. Er kam zu dem Ergebnis, dass der Mann der Tat fähig war. Die Weigerung der Frauen mit ihm zu schlafen, hätten angestaute Aggressionen gelöst und ihn in blinder Wut zum Töten veranlasst. Er attestierte ihm eine partielle Unzurechnungsfähigkeit. Bis auf den Zeitpunkt der Tötung war er sich seiner übrigen Handlungen sehr wohl bewusst gewesen. Dafür sprach, dass er sich anschließend noch einige Zeit an den Tatorten aufhielt, alles gründlich, aber vorsichtig durchsuchte und ein »Erinnerungsstück« mitnahm. Außerdem hatte er gewissenhaft versucht seine Spuren zu verwischen, was ihm ja auch teilweise gelungen war.

Professor Popp fragte ihn, wie er die Frauen kennengelernt hatte. Der Mann lächelte sardonisch. »Es ist so einfach. Ich habe am Bahnhof gestanden und nach Mädchen Ausschau gehalten. Wenn sie mir gefielen, stieg ich in den gleichen Bus und verfolgte sie bis nach Hause. Niemals hat eine Verdacht geschöpft, sie haben mich noch nicht einmal bemerkt. Es hat seine Vorteile, wenn man ein so unscheinbarer Typ wie ich ist. Dann habe ich sie beobachtet und versucht in Kontakt mit ihnen zu kommen. So war es auch bei der Ersten.«

»Aber wie haben Sie Frau Köster gefunden? Sie kam doch an diesem Abend erst aus dem Ausland zurück.«

Er druckste herum, verlangte nach einer Zigarette und erzählte schließlich langsam. »Ich hatte eine andere Frau im Visier. Die habe ich bereits zwei Wochen lang beobachtet. An jenem Abend ging sie zum Bahnhof, ich folgte ihr. Ich dachte, sie fährt mit dem Zug irgend wohin, aber sie hat einen Mann abgeholt. Die Beiden haben sich lange geküsst. Da wusste ich, dass ich nichts erreichen würde. Es hat mich unglaublich wütend gemacht. Wieder war alles umsonst. Aber da ist die andere Frau aus dem Zug gestiegen und der bin ich dann einfach nachgegangen. Die sah übrigens auch viel besser aus. Eigentlich wollte ich ihr gar nichts tun, sie nur betrachten und mich an sie gewöhnen. Aber als sie dann halbnackt in ihrem Wohnzimmer stand und ihr Fenster offen stehen ließ, musste ich zu ihr. Dann bin ich eingestiegen. Den Rest kennen Sie ja.«

So simpel war es also gewesen! Franziska Köster hielt sich zur falschen Zeit am falschen Ort auf.

»Warum haben Sie ihre Schuhe ausgezogen?«

»Keine Ahnung, vielleicht aus Gewohnheit.«

Nach diesem Gespräch war Popp so bestürzt, dass er in dem Gutachten die Gefährlichkeit des Mannes deutlich hervorhob. Für ihn als Psychiater stand fest, dass dieser Mann für immer von der Gesellschaft ferngehalten werden musste.

Freitag, 25. Juni, Justizvollzugsanstalt Mainz

Zwei Wochen später widerrief der Angeklagte sein Geständnis. Er behauptete, die Polizisten hätten ihn unter Druck gesetzt und ihm den Anwalt verweigert. Doch das half ihm nichts. Die Protokolle widersprachen dem. Der Prozess sollte in einem Jahr stattfinden. Sicherlich würde er weit über die Grenzen von Mainz hinaus reges Interesse hervorrufen. Überregionale Blätter und bekannte Illustrierten konnten damit das Sommerloch füllen.

Montag, 5. Juli, 1976, 15.30 Uhr

Das Urteil war soeben verkündet worden. Der Gerichtssaal leerte sich und Schneider kehrte ins Präsidium zurück. Befreit atmete er auf, als er vor dem Gebäude stand.

Die Staatsanwaltschaft hatte eine eindeutige Täterschaft des Angeklagten gesehen, obwohl die Mordwaffe und die Babydolls nicht gefunden werden konnten. Ein weiterer Psychiater kam zum gleichen Schluss wie Professor Popp. Die Aussagen der Zeuginnen und der Polizisten, die den Mann vor Franziska Kösters Wohnung gesehen hatten, die Übereinstimmung der Tathergänge und die Beschreibung der Tatorte durch den Mann in seinem ersten Geständnis hatten dem Gericht ausgereicht, ihn lebenslänglich hinter Gitter zu bringen.

Die Schwere und Grausamkeit der Morde machten eine vorzeitige Entlassung unmöglich. Er bekam zweimal lebenslänglich und musste seine Strafe im Gefängnis verbüßen und nicht, wie von seinem Anwalt gefordert, in einer psychiatrischen Anstalt.

Die Presse hatte während des laufenden Prozesses über jeden einzelnen Gerichtstag berichtet. Für die AZ tat dies Katharina Neu. Sie hatte Zweifel an der Täterschaft des Angeklagten. Sie äußerte ihre Bedenken nicht offen, doch sie suggerierte geschickt den Lesern, dass die Justiz irren könnte.

Die Mainzer Bevölkerung hatte die Verhandlung gespannt verfolgt. Viele konnten nicht glauben, dass dieser unscheinbare, ängstliche Mann ein brutaler Mörder war. Nach Ende der Urteilsverkündung interviewte Katharina Neu einige Menschen, die gerade den Gerichtsaal verließen und fragte sie nach deren persönlicher Meinung. Mehr als zwei Drittel der Befragten waren der Überzeugung, dass er der Mörder sei. Der Rest war sich nicht sicher und meinte, das Urteil sei zu hart.

Gegen halb fünf suchte Katharina Neu Schneider auf. Sie war mit dem Richterspruch unzufrieden und hielt ihn für nicht gerechtfertigt. Sie wollte sich Luft verschaffen und Schneider

schien ihr der geeignete Ansprechpartner. In ihrem jugendlichen Eifer gab sie Schneider die Schuld an ihrer Unzufriedenheit.
Ihr Bild des Täters entsprach nicht dem Menschen aus Fleisch und Blut, der zusammengesunken auf der Anklagebank wortlos gelauscht hatte. Sie hatte sich in ihrer Phantasie ein blutrünstiges, aggressives Monster vorgestellt und nicht einen unauffälligen, schüchternen Menschen, ein kleines Häufchen Elend. Er hatte das Urteil ohne äußere Regung aufgenommen und dessen Tragweite nicht erfasst. Sie wollte einfach nicht an seine Schuld glauben, sah ihn als das Opfer von Schneiders übertriebenem Ehrgeiz. Ihrer Meinung nach hatte die Polizei den falschen Täter überführt und das wollte sie dem Hauptkommissar kundtun. Sie klopfte an und trat forsch ein, ohne ein »Herein« abzuwarten. Ihr Gruß fiel knapp aus.
»Guten Tag, Frau Neu.« Schneider erkannte ihren aufgewühlten Gemütszustand sofort. »Warum sind denn so aufgebracht?« Sein distanziertes Verhalten steigerte ihre Aggression noch mehr.
»Dieses Urteil schreit geradezu vor Ungerechtigkeit. Wenn ich schon höre ›Im Namen des deutschen Volkes ergeht folgendes Urteil‹ wird mir übel. Das Ganze ist eine Farce. Dieser Mann ist ein armes Würstchen, das in pubertären Phantasien gefangen ist. Ich kann mir nicht vorstellen, dass er so kaltblütig morden kann.«
»Die Bezeichnung ›Würstchen‹ ist menschenverachtend. Sie als Journalistin sollten ihre Worte mit größerem Bedacht wählen. Immerhin hat der Mann auf seiner Flucht zwei Polizeibeamte tätlich angegriffen und verletzt. Er ist auf fremde Grundstücke und in fremde Wohnungen eingedrungen, er hat Frauen beobachtet und sich dabei körperliche Befriedigung verschafft. Letztendlich hat er das ›Nein‹ von zwei Frauen nicht akzeptiert und tötete sie, als er nicht seinen Willen bekam. Ist das etwa harmlos? Sie als Frau müssten eher mit den Opfern empfinden als mit dem Täter.«

Sie schluckte. Ihr Zorn war verpufft, ihr Trotz wandelte sich allmählich in Nachdenklichkeit. Sollte Schneider im Recht und sie im Unrecht sein?

»Ich glaube trotzdem nicht, dass er ein Mörder ist. Dafür fehlt es ihm an Courage.«

»Wieso braucht ein Mensch Courage, um zu töten? Mord ist nicht nur durch besondere Heimtücke definiert, sondern auch dadurch, dass sich der Mörder einen Vorteil verschaffen will. Und das hat er getan. Hätte er nicht getötet, hätte er nicht vergewaltigen und somit seinen Trieb befriedigen können. Sie haben doch das psychiatrische Gutachten gehört. Der Mann ist nicht gesellschaftsfähig. Er kann nur äußerst eingeschränkt mit Menschen umgehen. Frauen gegenüber ist er gehemmt und doch verlangt es ihn nach sexuellen Kontakten. Es hat sich auch in den Tests gezeigt, dass er über ein ausgeprägtes, latentes Gewaltpotential verfügt, vor allem wenn er abgewiesen wird. Seien Sie doch mal ehrlich zu sich selbst: Würden Sie mit einem solchen Mann eine engere Beziehung eingehen?«

»Das ist nicht Gegenstand der Diskussion. Sie lenken ab. Vielleicht ist er der Mörder, vielleicht nicht; ich bin mir momentan nicht mehr ganz sicher. Aber das Urteil ist viel zu hart. Ich glaube, dass er in einer Heilanstalt erheblich besser aufgehoben wäre als im Knast.«

»Damit er nach einigen Jahren psychiatrischer Betreuung als geheilt entlassen wird? Professor Popp und dem Richter scheint dies zu riskant. Ich persönlich teile diese Auffassung.«

»Sie setzen wenig Vertrauen in die Psychologie!«

»Falsch, nicht in die Psychologie, sondern in die Menschen.«

»Was sind Sie für ein Zyniker. Ich glaube, dass Sie den Mann von vornherein verurteilt haben. Sie brauchten einen Verdächtigen und als Sie den hatten, konnten Sie endlich den Fall abschließen. Sie wollten nur den Druck aus dem Kreuz haben«, echauffierte sie sich.

»Nun werden Sie nicht ausfallend und kommen auf den Boden der Tatsachen zurück. Ich appelliere an Ihre Vernunft. Ein

Richter hat dieses Urteil gefällt und nicht ich. Meine Aufgabe ist es zu ermitteln und Täter zu fassen. Alles Andere liegt nicht in meinen Ermessen. Dafür sind die Gerichte und die Richter da und das ist gut so. Ein Gericht sieht die Tat und die Ermittlungsergebnisse. Es befragt Zeugen und Angeklagte und bildete sich dann erst sein Urteil. So bleibt Objektivität gewahrt. Sie und unsere Gesellschaft müssen das akzeptieren, sonst funktioniert unser Zusammenleben nicht. Außerdem besteht für den Angeklagte immer noch die Möglichkeit der Revision und wie ich seinen Anwalt einschätze, wird er dieses Recht wahrnehmen.«

»Sie sind so schrecklich belehrend und herablassend. Man könnte meinen, sie hätten keine Gefühle.«

»Natürlich habe ich Gefühle. Aber die haben bei einer Ermittlung nichts zu suchen. Ließe ich mich von Gefühlen, von Sympathie oder Antipathie leiten, wäre ich ein schlechter Kriminalbeamter. Ich kann Ihnen nur raten, ihre Emotionen unter Kontrolle zu bekommen, wenn Sie eine gute Journalistin werden wollen. Gute Journalisten verzichten auf billige Effekthascherei und berichten objektiv. Zumindest ist das meine Auffassung von Journalismus«, entgegnete er ihr ruhig.

Sie war sich ihrer Demontage durch ihn bewusst und warf ihm böse Blicke zu. Was sie aber am meisten ärgerte war, dass sie dies durch ihr unreifes Verhalten erst ermöglicht hatte.

»Wenn Sie sonst nichts mehr auf dem Herzen haben, bitte ich Sie zu gehen. Es wartet noch viel Arbeit auf mich«, sagte Schneider.

Sie drehte sich ohne ein Wort des Grußes um und verließ den Raum.

Er seufzte und wandte sich wieder dem leidigem Papierkram zu, der seinen Alltag als Polizist so unliebsam machte. Doch seine Gedanken fanden keine Ruhe. Immer wieder kreisten sie um den Mörder. Er schaute auf die Uhr, sah dass er längst Feierabend hatte und beschloss an den Rhein zu gehen, um seine Gedanken zu ordnen.

In großen Schritten überquerte er die neu gestalteten Domplätze, stieg die flachen Stufen zum Brand hinauf und steuerte auf das Rheinufer zu. Er brauchte Luft, musste atmen. Der weiche Schein der Abendsonne milderte das monotone Grau des Rathauses. Um diese Zeit arbeitete keiner mehr, hinter den Fenstern herrschte gähnende Leere. Feierabendstimmung.
Er ging zwischen Rheingoldhalle und Rathaus die Stufen hinunter, wandte sich Richtung Fischtor und fand unter schattenspendenden Platanen endlich eine Bank.
Er schaute auf den Rhein und gab sich seinen Gedanken hin. Der sanft fließende Strom schien ihn zu hypnotisieren, er hielt seinen Blick gefangen. Der blaue Himmel und das warme Licht der Abendsonne ließen ihn blaugrün schimmern. Er registrierte die kleinen Schaumkronen auf den Kämmen der Wellen und wusste, dass dies untrügliches Zeichen seiner Verschmutzung war. Er erinnerte sich, dass ihn seine älteste Tochter, als sie fünf gewesen war, fragte, warum man nicht einfach Waschpulver in den Rhein kippte, damit er sauber würde. Dabei war es gerade das Pulver, das dem Fluss den Tod brachte.
Ein schwerer Schleppkahn schob sich stromaufwärts. Seine Schiffsschraube wühlte das Wasser auf und brachte es zum Schäumen, dumpfer Gestank breitete sich aus.
Schneiders Augen suchten die Ufer an beiden Seiten ab. Er erinnerte sich an das Schiff, die »Arche«, ein ehemals beliebtes Ausflugsziel. Vor zwei Jahren war es ausgebrannt und im Rhein versunken. Ob es je ersetzt würde?
Seine Gedanken strömten wie das Wasser von ihm weg und er versank in den Fluten der Erinnerung. Die Ereignisse des vergangenen Jahres und der jetzige Prozess hatten seinen Geist und seine Seele mehr in Anspruch genommen, als er sich selbst eingestehen wollte. Katharina Neus Zorn stimmte ihn nachdenklich. Er stellte seine Wertvorstellungen in Frage und kam zu dem Schluss, dass sie nicht mehr dem Zeitgeist entsprachen. Schneider glaubte an Werte, an Normen, die unabhängig von den Strömungen der Zeit existierten; Gut und Böse, Falsch

und Richtig. Ihre Übergänge waren nicht immer klar getrennt, sondern häufig fließend. So wie in diesem Fall.
Aber Unrecht blieb Unrecht, Mord blieb Mord. Menschen hatten ein Recht auf Leben, auf Glück, auf Achtung ihrer Person, auf Würde. Keiner durfte sich das Recht nehmen, einem Anderen seinen Willen aufzuzwingen oder ihn gar zu töten.
Auch ein eingeschüchterter, verzweifelter, einsamer Mensch, der von der Gesellschaft nicht beachtet wurde, durfte nicht töten, um etwas Glück zu erhaschen.
Während der Verhöre hatte Schneider einen Anflug von Mitleid für den Mann empfunden. Er hatte nachvollziehen können, wie dieser unter der steten Abweisung gelitten haben musste. Aber er hatte diese Empfindung fast augenblicklich wieder verdrängt. Schneider hatte auch die unbefriedigte Gier des Mannes gefühlt. Dieses nimmersatte Verlangen, das Motor für das Töten, für das Auslöschen menschlichen Lebens gewesen war. Es erfuhr nur kurzzeitig Befriedigung und ergriff immer wieder von dem Mörder Besitz, um stetig aufs Neue gestillt zu werden.
Schneider durchlebte die Qualen der Ermordeten. Er fühlte ihre lähmende Angst, spürte ihre hoffnungslose Verzweiflung, ihre Ausweglosigkeit. Er schob aber auch diese Empfindungen beiseite, sich bewusst machend, dass sie die Basis für seine persönliche Vorstellung von Gerechtigkeit und Wahrheit waren und seine Urteilsfähigkeit trüben konnten.
Nach all den langen Jahren akzeptierte er nicht, dass Menschen in Selbstmitleid versanken. Er verstand nicht, warum die Schuld am eigenen Missgeschick so häufig anderen angelastet wurde. Allzu leicht wähnten sich solche Menschen als die eigentlichen Opfer, die nur durch die Ignoranz der Gesellschaft zu ihrem Verhalten getrieben wurden. Sie brachten es nicht fertig den Tatsachen ins Gesicht zu schauen und sich aus eigenem Antrieb aus der Misere zu befreien.
Gab es für die Opfer eine Chance, aus tödlicher Gefahr zu entkommen?

Ein Täter konnte seine Entscheidung frei fällen. Er konnte seine Tat vollbringen oder unterlassen. Für ihn gab es ein JA oder ein NEIN, für das Opfer nicht. Er hatte die Wahl, das Opfer nicht.
Einem Mörder blieb bis zu dem Zeitpunkt des Tötens die Möglichkeit, sich dagegen zu entscheiden. Dieser Mann hatte es nicht getan. Es trieb ihn zur Tat, er wollte die Vollendung, gleichgültig, welche Konsequenzen das nach sich zog. Er selbst war nicht länger Opfer, sondern Täter.
In jenem Moment, als er die Hand gegen einen anderen Menschen erhob, hatte er sich schuldig gemacht. Nicht nur gegenüber den Ermordeten, auch gegenüber seiner Familie, seiner Mutter, seinen Geschwistern und nahen Verwandten. Er hatte sie mit ins Verderben gerissen, ohne Chance auf Vergebung. Unversehens standen sie am Pranger, umsonst auf gesellschaftliche Vergebung hoffend, Anfeindungen offen ausgeliefert. Was ihnen blieb, war die Flucht, die Verschleierung der Verwandtschaft, die Annahme einer neuen Identität. Der Mörder hatte sie zu Ausgestoßenen gemacht, wie er selbst einer war. Die Toten erstanden vor ihm, die grässlichen Verstümmlungen klagten ihren Mörder an. Er spürte den nie enden wollenden Schmerz der Hinterbliebenen. Er hörte die Frage nach dem Warum. Schneider wurde diese Bilder nicht los. Sie suchten ihn heim, zu jeder Stunde, an jedem Tag. Manchmal nur als Bruchstücke einer vergessen geglaubten Erinnerung, manchmal in Form realer Gestalt, dann trugen sie die Gesichtszüge seiner Töchter, seiner Frau. Das Bewusstsein, dass es jede hätte treffen können, rechtfertigte seinen Beruf. Es war seine Aufgabe gegen das Schlechte zu kämpfen, auch wenn es ein Kampf gegen Windmühlen war, auch wenn er dessen manchmal müde wurde.
Er stand auf und schüttelte die Gespenster der Vergangenheit von sich ab.
Mitleid für den Mörder konnte es nicht geben.